U0156047

What is life

〔奥地利〕埃尔温·薛定谔——著

肖梦——译

生命是什么

天津出版传媒集团

天津人民出版社

果麦文化　出品

目录

序言

人们认为，科学家掌握的是某个特定学科的第一手资料，并对这一学科有完整深入的了解，因此不会在自己不精通的领域著书立说。这亦是地位崇高的科学家应尽的责任。然而，为了完成这本书，请允许我放弃自己也许拥有的一定地位，从而避免与之相伴的责任。

我的理由如下：

我们从先辈那儿继承了一种热切的渴望——寻找到统一的、能够解释一切现象的知识。我们将求知的最高学府命名为大学，这个名字时刻提醒我们，从古至今数千年来，普遍性[1]一直都是人类至高的追求。但是，过去一百多年中，各个学科的发展让我们陷入了两难的困境。一方面，我们清晰地感觉到人类才刚刚开始能够获得可靠的信息，能够将各个领域的知识拼合到一起；但另一方面，一个人想要完全掌握一个狭窄专业领域中的所有知识已经非常困难了。

1　大学的英文（university）与普遍性（universal）有相同的词根。

我认为我们当中的一些人应该鼓起勇气开始做科学事实和理论的整合工作，尽管这只能基于他们掌握的二手不完整信息，而且还要冒着出丑的风险，但除此之外我找不到其他方法能让我们脱离困境（不然我们追求普遍性的目标永远都不可能实现）。

　　这就是我的观点。

　　语言的障碍不容忽视。一个人的母语是他最合体的外衣，当他不能直接用母语而要转换成别的语言表达自己的观点时，他不可能感到从容。感谢英克斯特博士（都柏林三一学院）、帕德里克·布朗博士（梅努斯圣帕特里克学院），以及S.C.罗伯茨先生，他们为了让我适应另一种语言费了不少工夫，而且由于我偶尔不愿意放弃自己"原创"的说法，还给他们添了不少麻烦。如果这本书中留有一些我的朋友们没有删去的"原创"说法，那责任在我，不在他们。有许多部分的标题原本是想作为页边小结的，各章节的正文部分其实是连贯的。

埃尔温·薛定谔

于都柏林

1944 年 9 月

01

第一章

经典物理学家
对该问题的研究

研究的一般性质和目的

　　这本小册子的内容基于理论物理学家的一系列公开讲座。虽然在讲座开始时，我便已经提示听众内容很难理解。虽然几乎不会用到数学演绎法这种物理学家最吓人的"手段"，但也一点都不通俗，不过在讲座过程中，全场大约 400 名听众也没有大规模退场。之所以讲座不涉及数学推导，原因并不是这个问题非常简单，不需要数学也能解释清楚，而是问题本身过于复杂难懂，不能完全用数学方法进行分析。讲座的目的是向物理学家和生物学家澄清介于生物学和物理学之间的基本概念，从这一点来说，讲座的内容也不是跟通俗二字完全不沾边。

　　实际上，尽管讲座的内容涵盖了各种各样的论题，但是讲座的目的只想表达一个观点——对一个宏大而重要的问题提出了一些小小的见解。为了不迷失方向，我将首先简明扼要地将本书的大纲概括出来。

　　本书要探讨的这个已经被讨论过很多次的重要问题是：

　　在一个生命有机体的范围中发生的众多空间和时间

事件如何用物理学和化学理论来解释？

这本小册子竭力解释和确立的初步答案可以总结如下：

现在的物理学和化学解释这些事件明显无能为力，但并不代表这些事件不能通过这两个学科的理论解释。

统计物理学 结构上的根本差别

如果说，过去没有做成功的事只是为了激发起在未来完成以往无法实现的目标的希望，这样就未免有些轻描淡写了。过去的工作其实有更加积极的意义，也就是说，到目前为止，这些碌碌无为都有充分的理由。

如今，多亏了生物学家所做的独创性工作，尤其是过去三四十年中遗传学家的研究，我们对生物的真正物质结构和功能才有了足够的了解，我们能够说明并且明确指出，为什么现在的物理学和化学理论不能解释生命有机体中各个空间和时间中发生的事件。

生命有机体关键组成部分的原子排列方式，以及这种排列方式之间的相互作用，与物理学家和化学家至今在实验和理论中研究的原子排列方式有着根本的不同。而我所说的显著差异对于普通人来说很可能是微不足道的，只有对于具备完整扎实的贯彻统计学理念的物理学和化学定律知识的人来说，这种差异才是显著的。

从统计学的观点来看，生命有机体关键组成部分的结构十分特别，与物理学家、化学家在实验室通过体力工作、在办公桌前通过脑力工作研究的任何物质的结构都不同。物理学家和化学家通过这种方式发现的定律和规律，直接应用到某些系统行为当中，而这些系统的结构并不是基于这些定律和规律，这几乎是难以想象的。除了物理学家，其他人很难理解我刚才用如此抽象的语言表达的"统计学结构"的差别，更不要说真正领会其中的关联了。

为了让论述更加生动，易于理解，我提前简明扼要地介绍一下随后要详细论述的内容：活细胞当中最重要的部分——染色体纤维——可以说是一种非周期性晶体。迄今为止，物理学家们只研究过周期性晶体。在谦卑的物理学家看来，周期性晶体是非常有趣且复杂的研究对象。它们是最迷人、最复杂的物质结构之一，而正是通过这种物质结构，看似无生命无意识的自然界彰显了自己的"智慧"。但是，跟非周期性晶体相比，周期性晶体显得非常普通无聊。二者之间的结构差异，如同按照固定周期不断重复同一花纹的普通壁纸和一幅堪称旷世杰作的刺绣之间的差距，比如拉斐尔的毡幕图稿并没有展示乏味的重复图案，而是大师描摹出的精美绝伦、画面连贯有意义的设计。

如果说一个人研究过的最复杂的对象是周期性晶体，那我觉得这个人只能是物理学家。事实上，有机化学家会研究越来越复杂的分子，这门学科的研究对象非常接近我认为是生命的物质载体的"非周期性晶体"了。所以，有机化学家已经对解答生命问题做出了重大贡献，而物理学家却碌碌无为，这也就一点都不奇怪了。

朴素物理学家对该问题的研究

上面，我简要介绍了调查研究的总体思路，更确切地说是最终范围，接下来我要介绍研究的方法。

首先，我想引入一个概念——所谓的"关于生物的朴素物理学观点"，也就是学过物理课程，尤其是对物理学的统计基础有所了解的人，是如何看待生命体的。

这样的朴素物理学家会思考生命体，思考它们的行为和功能，并且有意识地问自己，以自己所学的知识，根据相对简单、基本的科学认知，是否可以为解答这一问题贡献微薄之力。

事实上，他的确可以。然后，他需要将自己的理论预期与生物学的实际情况进行对比。结果可能是，从整体来看，他的观点似乎非常合理，但仍然需要进行一定的修正。通过这种方式，他们可以逐渐接近正确的观点——更恰当地说，可以逐渐接近自己主观上认为正确的观点。

我本人就是朴素物理学家。即使从结果上看我是正确的，我也不知道这种探索的方式是否是最好、最简单的。不过总而言之，这是我的方法。除了这种曲折的方法，我找不到更好的或更清晰的方法来实现目标。

原子为什么这么小

阐明"关于生物的朴素物理学观点"的一个好方法就是从一个奇怪到甚至有点荒唐的问题入手：原子为什么这么小？首先，它们的确非常小。日常生活中随处可见的物质，即使小小的一块，其中也包含无数原子。

为了让普通人更好地理解这个问题，人们举过很多例子，开尔文勋爵（威廉·汤姆逊·开尔文）举的例子最为令人印象深刻：假设你将一杯水中的所有分子都做上标记，然后把这杯水倒进海里，充分搅拌，让带标记的分子均匀地分布在七大洋当中，当你从任意一片海中舀出一杯水，你会发现这杯水中大约有 100 个被标记过的分子。

原子的直径大约是黄色光波长的 1/5000 到 1/2000。光的波长基本可以代表显微镜下可以看到的最小颗粒尺寸。对比的结果明显地说明，这种人眼可见的最小颗粒中仍然包含了数十亿个原子。

那么，为什么原子这么小呢？

显然，这个问题的重点不是这个。因为它的重点并不在于原子的尺寸，而在于生物的尺寸，尤其是我们人类身体的尺寸。与常用的长度单位——比如码（1 码为 0.9144 米）、米——相比，原子的确是很小。在原子物理学中，人们专门制定了一个叫"埃米"（简称"埃"）的单位，1 埃等于 0.0000000001 米，也就是 1 纳米的 1/10。原子的直径在 1 到 2 埃之间。如今我们常用的长度单位（原子的尺寸与它们相比非常悬殊）与人类身体的尺寸有着密切关系。关于"码"这个常用长度单位的来历有一则有趣的故事：英国一个大臣请示国王该采用什么长度单位，国王幽默地将双臂伸开，说道："量量我胸膛到手指尖的距离，把这个长度作为单位就不错！"故事的真假姑且不论，但它的意义则不容忽视。国王十分自然地提出和自己身体具有可比性的长度，他明白与其他任何东西相关的长度都不如以这个长度为单位方便。虽然物理学家在工作中喜欢用埃米这个单位，但他要做一套新西装时更希望听到别人说要用 6 码半花呢布料，而不是用 650 亿埃米布料。因此可以确定，这个问题真正关注的是两个尺寸的比例，即人体尺寸和原子尺寸的比例，而原子的独立存在先于人体，这一点也毫无疑问。

　　这个问题真正要问的是，为什么与原子相比，人类的身体这么大？人类的感觉器官算是人体的重要组成部分，因此（考虑到上文提到的原子极小的尺寸）肯定是由无数原子组成的，但这些感觉器官却不够灵敏，不会受到单个原子影响。我可以想象很多热诚的物理学和化学专业学生都可能对这个事实感到遗憾。人们看不到、摸不到也听不到单个原子，人们对原子的假设不同于人类迟钝的感觉器官的直观发现，而且无法通过直接观察进行检验。事情只能如此吗？这其中有什么内在原因吗？我们能否将这种现象追根溯源到某种基本原则上，从而理解和解释为什么感觉器官和自然规律之间存在矛盾？现在，物理学家完全可以解释，以上所有疑问的答案都是肯定的。

生物的活动需要精确的物理法则

假设事实并非如此，如果我们是非常敏感的生物，一个原子或几个原子就可以对我们的感官产生影响。天啊，生命得成什么样子！

在此我就一个方面重点讨论：这样的生物很有可能无法发展出有序思维。而有序思维在经历了漫长的早期阶段后，最终才在诸多设想中形成了原子的概念，以及许多其他概念。即便我们只讨论了人类的思维，相应的分析本质上也适用于除大脑、感觉系统之外其他器官的功能。但是，让我们对人类本身最感兴趣的一点也是唯一一点就是，人类有感觉、会思考、能感知。对产生思维和感觉的生理过程而言，其他所有器官都是辅助功能，虽然从纯粹客观的生物学角度而言这未必正确，但至少从人类角度来说确实如此。而且，它还可以让我们研究与主观事件紧密相关的思维过程的工作变得更加容易，尽管我们对这种密切的平行性的真正本质一无所知。的确，在我看来，它并不在自然科学的研究范围内，很可能也不在人类全部理解力的范围内。

因此我们就面临这样一个问题：为什么人类大脑这样的器官及其附属的感觉器官需要由无数的原子构成，才能使它的物理状态变化可以与高度复杂的思想产生密切的相关性？人类的大脑及其能够直接与环境作用的外围部分，无论是作为整体还是部分功能，有什么理由说它们不是一台足够精巧和灵敏的，能够对外界的单个原子冲击做出反应和记录的机器呢？

原因在于，我们称之为思想的东西：（1）本身是有秩序的东西；（2）能够将具有一定秩序的物质材料囊括在内，比如知觉或体验。这会造成两个结果。第一，为了能够与思想紧密相关，身体的物理组织需要是高度有秩序的组织（正如我的大脑和我的思想密切相关），这意味着发生在这样的组织内部的事件肯定会遵循严格的物理定律，至少是准确性非常高。第二，这个物理学上非常有秩序的体系所受到外界其他物体产生的物理影响，显然是与相应思想的知觉或体验一致的，并形成我称之为思想内容的东西。因此，一般来说，人类大脑和其他体系的相互影响本身就具有一定程度的物理秩序，换句话说，它们会严格遵守物理定律，并保证一定程度上的准确。

物理定律的基础是原子统计学，因此只是近似结果

为什么只由少数原子组成的、能够受到一个或几个原子影响的敏感有机体做不到这些呢？因为我们知道，所有

原子每时每刻都在做无规则的热运动，可以说热运动会抵消它们的有秩序的行为，所以发生在少数几个原子之间的事件不符合任何已知的定律。只有大量原子组合在一起，统计学定律才能影响以及控制原子集合的行为，并且原子数量越多，统计学定律的精确性越高。正是通过这种方式，观测到的事件本身才获得了秩序性。人类已知的所有在有机体生命中发挥重要作用的物理和化学定律，都是这种统计学意义上的定律。任何其他能想到的规律和秩序都会被原子永不停歇的热运动持续干扰，变得不起作用。

它们的精确度是建立在大量原子介入的基础上
第一个例子（顺磁性）

我想用几个例子来说明这一点，这是从无数例子当中随意挑选出的几个，这些例子对于首次了解事物状态的读者来说可能并不是最好的。我所说的这种事物的状态在现代物理学和化学中非常基础，就像生物学中生物是由细胞组成，或者像天文学中的牛顿定律，甚至像数学中的整数

列 1,2,3,4,5……此类事实一样。门外汉不可能指望通过阅读接下来几页的内容，就能对这个学科完全理解和领会。要知道这个学科是跟路德维希·玻尔兹曼、约西亚·威拉德·吉布斯这些显赫的名字联系在一起的,在教科书中,被称为"统计热力学"。

如果你在一根长方形石英管当中充满氧气，把它放到磁场中，你会发现这些气体会被磁化。之所以会发生磁化现象，原因是氧分子其实都是微小的磁体，进入磁场后会按照磁场方向平行排列，就像指南针一样。但是请不要认为它们全都按照磁场方向排列。如果你让磁场强度加倍，氧气的磁化程度也会加倍，磁化作用会随着磁场强度的增强而提高，当场强极高的时候，磁化的比例也能达到很高。

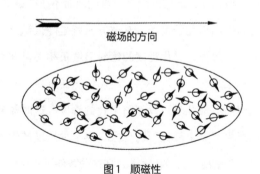

图 1 顺磁性

这是纯粹统计学定律的一个特别清楚的例子。由于分子本身持续不断的热运动的方向是随机的，所以磁场对氧气分子产生的排列作用总是会被抵消。这两股力量相互抵抗产生的实际结果就是，偶极子轴会微微倾向于与磁场方向呈锐角而不是钝角。虽然对于单个原子来说，其排列方向是不断变化的，但是所有分子产生的整体结果（由于数量巨大）是，顺着磁场方向排列的分子数量总是能保持微小优势，并且磁场强度越大，优势越明显。

这一具有独创性的解释是法国物理学家保罗·朗之万提出的，这一理论可以通过下面的方法进行验证。如果我们观察到的微弱磁化现象的确是两种相反作用的综合结果，即让所有分子平行于磁场方向的磁场作用和让分子随机排列的热运动，那么通过减少分子热运动而不改变磁场强度，也是可以提高磁化程度的，具体方法就是降低温度。实验证实了这一假设，磁化程度和绝对温度负相关，并且符合理论（居里定律）数量关系。现代仪器甚至能让我们将温度降低到热运动几乎可以忽略不计的程度，这时候磁场自身可以产生"完全磁化"的现象，或至少足以产生可以被视为"完全磁化"的磁化程度。在这种条件下，我们不可能期望将场强提高一倍也会让磁化程度提高一倍，随着磁场强度增加，磁化程度的提高幅度会越来越小，最终达到所谓的"饱和"状态。这同样也以实验的方式得到了量化验证。需要注意的是，这种行为完全依赖于大量分子的共同作用，才会产生我们能够观察到的磁化现象。否则，磁化则不可能是一个持续状态，不同时刻会呈现出无规则的波动，见证着热运动和磁场作用这两股力量之间的对抗。

第二个例子（布朗运动，扩散）

如果你在一个封闭的玻璃容器的下半部分中填充由小液滴组成的雾，你会发现雾的上边界会缓缓地下沉，其速度非常明确，取决于空气的黏滞系数、液滴的大小和受到的引力。但是如果你用显微镜观察其中一个小液滴，就会发现它并不是以恒定的速率持续下沉的，而是呈现出一种无规则的运动，也就是所谓的布朗运动，只有从总体上来看的时候，小液滴的运动才是稳定地下沉。

这个例子当中我们讨论的小液滴已经不是原子了，但

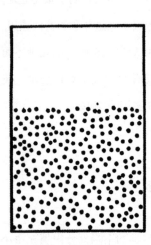

图2　沉降的雾

图3　下沉微滴的布朗运动

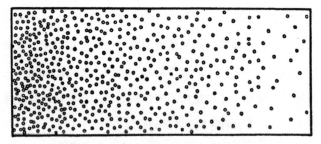

图4　在浓度不均匀的溶液中，从左到右扩散

是它们也足够小和轻，不会完全不受不断撞击其表面的单个分子的影响。它们就这样被撞来撞去，只是整体来看是在引力作用下进行下沉运动。

这个例子证明了，如果几个分子也能影响人类的感官，我们将会有多么有趣而混乱的体验。细菌和一些其他生物非常小，这种现象对它们的影响非常大。它们的运动取决于周围介质谜一样的热力学运动，但它们别无选择。如果它们自身有运动能力，它们也许能从一个地方到另一个地方，但也要费一些周折，因为热运动的冲击会让它们像一叶漂浮在汹涌海面上的小舟。

另一种和布朗运动有些相似的现象叫作扩散。假设一个容器中装满了一种液体，比如水，里面溶解了少量有色物质，比如高锰酸钾。但是溶质的浓度并不均匀，而是如图4所示，其中的点表示溶质（高锰酸钾）分子，浓度从左到右逐渐降低。如果你让这个系统静置，其中就会发生非常缓慢的"扩散"过程，高锰酸钾就会从左向右发散，也就是从浓度高的地方向浓度低的地方运动，直到均匀地分布于水中。

这个过程非常简单，表面看上去也不是特别有趣，但值得注意的是，有的人可能会觉得存在某种趋势或作用力让高锰酸钾分子从浓度高的地方向浓度低的地方移动，就像一个国家中的人口会向地广人稀的地方迁徙，但事实上并非如此。高锰酸钾周围并不存在这样的趋势或作用力。每个分子的行为和其他分子都是相对独立的，与其他分子也很难产生碰撞。无论是在浓度高的地方还是浓度低的地方，每个分子都注定要在水分子的不断撞击下被推来推去，并且因此朝着无法预测的方向缓缓移动，有时候会向浓度更高的地方移动，有时候则会向浓度更低的地方移动，有时候则是兜兜转转。分子进行的这种运动往往会被比作被蒙上双眼在广阔地面上移动的人，这个人有某种"行走"的欲望，但是没有特定的方向，所以会不断改变自己的路线。

所有高锰酸钾分子都在随机行走，但整体上还是由浓度高的区域向浓度低的区域移动，最终整个溶液的浓度都达到均匀状态，乍看起来这有点令人费解，不过这也只是乍看之下的感觉而已。如果你把图 4 想象成是由无数片非常薄的溶液组成的，其中每片溶液内浓度都是近似一致的，某个时刻包含在一片特定溶液当中的高锰酸钾分子在进行随机运动的时候，向左和向右运动的概率是相同的。但正是因为这样，对于一个相邻两片溶液的平面来说，从右向左运动的分子数量比相反运动方向的更多，因为与右边的溶液相比，左边溶液当中有更多分子进行随机运动。而且只要这种情况一直存在，整体来看溶质就会有规律地从左向右运动，直到两侧达到相同浓度后，向左和向右移动的分子数量才会达到平衡。如果我们把这种思维推导整理成数学语言，就能得到扩散定律的偏微分形式的方程：

$$\frac{\partial \rho}{\partial t} = D\nabla^2 \rho$$

我不会在此解释这个方程的意义，给读者增添负担，不过方程的意义用通俗语言来解释非常简单。我在这里专门提到这一严格的"数学上精确"的定律，是为了强调其物理学上的精确性在每一个具体应用当中仍然会面临挑战。这一定律纯粹建立在概率之上，只是近似正确。如果说它是一条非常好的近似规律，那只是因为参与这一现象形成的分子数量无比巨大。分子数量越少，我们就会看到更多意外的偏差，在适合的条件下，我们能够观察到这些偏差。

第三个例子（测量精度的极限）

我要给出的最后一个例子跟第二个例子非常相似，但是这个例子有特殊的意义。物理学家通常会在轻盈的物体上系一根细长的丝使其悬浮在平衡位置上，用这种方式测量使物体偏离平衡位置的微弱作用力，在这个过程中需要施加电场力、磁场力或引力使其偏离垂直轴。（当然，轻盈物体需要根据特定的测量目的进行选择。）物理学家持续不断地努力提高这种十分常用的"扭力天平"装置的精确度，但他们的努力却遇到了古怪的极限，而极限本身是非常有趣的。

为了让天平能够测量越来越小的作用力，人们选择的物体越来越轻盈，选择的丝也越来越细长，当悬浮物体明显会受到周围分子的热运动影响时，开始围绕平衡位置进行不间断的无规则的"舞蹈"，就像第二个例子中小液滴的颤动一样，精度极限便出现了。尽管这种行为并不会给天平测量的精度带来绝对的极限，但是给实际操作带来了"极限"。无法控制的热运动效应会与需要测量的力的影响进行竞争，所以观察到的测量偏差就失去了意义。为了消除布朗运动对仪器的影响，必须进行多次测量观察。我认为这个例子对我们现在的研究特别有启发性。因为我们的感觉器官毕竟也是一种仪器。我们能发现，如果感觉器官变得太灵敏将会变得多么无用。

$\sqrt{n}$法则

暂且举这么多例子。我需要再补充一点，物理学或化学中任何一条跟生物有关的，或生物与环境相互作用有关的定律，没有一条不能拿来做例子的。要详细解释可能会更加复杂，但是要点还是一样，因此举例描述可能会变得千篇一律。但是我想再阐述一个非常重要的量化命题，这个命题与所有的物理定律的不准确性有关，这就是$\sqrt{n}$法则。我会首先举一个简单的例子进行说明，然后再进行概括。

如果我告诉你，在特定的压力和温度条件下，一种气体的密度是确定的，并且我采用另一种方式来表达相同的意思，即在同等条件下一定体积（与某些试验相关的体积）内含有 n 个气体分子。那么可以肯定的是，如果你在特定时刻对我说的这个命题进行验证，你会发现这句话并不准确，分子数量的偏差为$\sqrt{n}$。所以，如果 n 的数目为 100，你会发现偏差数大约是 10 个，因而相对误差是 10%。但如果 n 是 100 万，你很可能发现偏差数目大约是 1000，因而相对误差则是 0.1%。大致说来，现在这一统计学定律是相当普遍的。物理学和物理化学定律不准确程度的相对误差为 $1/\sqrt{n}$，其中 n 表示在一些推导或特定实验当中，使一条定理在一定时间或空间（或二者皆有）条件下具有有效性的分子数量。从这一点上你也会发现，生物必须要有相对巨大的结构，这样其内部的生命活动和与外部世界的相互影响才可能符合相对准确的定律。否则，参与其中的粒子数量太少，"定律"也就不太准确了。对定律准确性影响最明显的部分就是平方根。尽管 100 万是个非常大的数字，但对于一条"自然定律"来说，千分之一的相对误差并不是太小。

02

遗传机制

经典物理学家的设想并非无关紧要，
而是错误的

我们可以得出结论，一个有机体和它所经历的全部生物学相关过程，都需要建立在规模庞大的"多原子"结构上，从而防止"单原子"结构导致的偶然事件产生太大影响。"朴素物理学家"告诉我们，这一点非常重要，因为只有这样，有机体才能遵循足够精确的物理学定律，并在此基础上产生有规律和秩序的功能。从生物学的角度看，这些先验性的结论如何贴合到生物学的事实中呢？

乍看之下，人们倾向于认为这些结论无关紧要，比如 30 年前的一名生物学家也许就这样说过。尽管对于科普讲座来说，强调统计物理学在生物中和其他领域中的重要性别无二致是恰当的，但事实上这种观点不过是为人熟知的陈词滥调。

自然界中，任何高等生物的成年个体的躯体，以及构成躯体的单个细胞，都包含了"天文"数字数量的各种原子。我们观察到的每一种特定的生理过程，无论是发生在细胞内部的，还是细胞与细胞周围环境的相互作用，看上去——或30年前就看上去——也同样涉及海量的单原子和单原子过程，即使在刚才说明的$\sqrt{n}$法则这种统计物理学的严格要求下，其巨大的数量也能保证相关的物理定律和物理化学定律的准确。

如今，我们知道这种观点是错误的。正如我们接下来会看到的，非常小的原子团，小到不完全符合统计学定律的原子团，在活的有机体内发生的极有秩序、有规律的事件中也起了主要作用。它们能够控制有机体在发育过程中可观察到的宏观特征，这些特征是有机体在发育过程中获得的，能够决定有机体发挥功能。在这些过程当中，生物定律都得到了清晰和严格的体现。

首先我必须要对生物学的情况进行总结，特别是遗传学的情况，换句话说，我要概括一个我不精通的学科的发展现状。我必须为自己内容的浅薄道歉，尤其是要向生物学家们道歉。但是，我也恳请你们暂时将主流观点放在一边。

生物学家已经积累了许多研究结果，一方面来自大量的、日积月累的繁育实验，这些实验之间完美地互相补充完善，具有史无前例的独创性；另一方面，来自通过精密的现代显微镜对活体细胞进行的直接观察。我们不能指望笨拙的理论物理学家能完成同样出色的研究。

遗传代码文本（染色体）

我想用有机体的"模式"这个词来表示生物学家所说的"四维模式"的意义，它不仅是指有机体成年后或者任何特定阶段的结构和功能，还指有机体从受精卵到个体完全成熟开始繁殖的全部个体发育过程。现在，我们知道这个四维模式完全是由一个细胞即受精卵的物质结构决定的。而且，我们还知道本质上它完全是由这个细胞的一小部分结构也就是细胞核决定的。当细胞处于常规的"静止状态"时，细胞内的细胞核通常是网状染色质。但是在极为重要的细胞分裂(有丝分裂和无丝分裂，见下文)过程中，可以观察到细胞核会由一组被称为染色体的颗粒组成，通常呈纤维状或棒状，数量一般是 8 条、

12 条，人类是 48 条[1]。不过我其实应该把染色体数目写成 2×4，2×6，……，2×24，正确的说法也应该是有两组染色体，这样才是生物学家惯用的严谨表述。单个染色体有时候能够通过形状和大小清楚地被辨认和区分，但这里两组染色体几乎是一模一样的。我们如今已经了解到，其中一组来自母亲（卵细胞），另一组则来自父亲（精子）。

在显微镜下我们看到的染色体就像中轴骨一样，这些染色体中包含着某种代码文本，记录了个体未来发育和成年期身体功能的完整代码。每一组完整的染色体都含有全套的代码，所以一般来说，未来发展成个体的最初阶段的受精卵中包含两套完整的代码。

拉普拉斯设想过一种全知的智者，在他面前一切因果关系都能立即得出，我们把染色体纤维称为代码文本，是因为拉普拉斯设想的智者能够根据它的结构判断出在合适的条件下受精卵能够发育成黑公鸡还是花母鸡，能发育成苍蝇还是玉米、杜鹃花、甲虫、小鼠或是女人。

1 实际上人类有 46 条染色体，此为薛定谔演讲中的错误，后面也应该写作 2×23。下文同理。

我们可能要补充一点，卵细胞的外表看上去往往非常相似，即便它们略有不同，比如鸟类和爬行动物的卵就相对大很多（它们的卵如此巨大，不过是因为营养物质丰富），也根本比不上染色体结构的差异之大。

当然，代码文本这个词也过于狭隘了。染色体结构同时也是促进卵细胞未来发育的工具。它们既是规则的制定者也是执行者，换个比方，它们既是建筑师的蓝图也是建造者的工艺。

体细胞的数量增长（有丝分裂）

个体发育中染色体的行为是什么样的呢？

一个有机体的生长会受到细胞分裂的持续影响。这样的细胞分裂称为有丝分裂。在一个细胞的整个生命周期当中，有丝分裂出现的频率并不如人们想象的那样高，因为我们的身体是由数量庞大的细胞构成的。在生命初期，细胞数量的增长非常迅速。卵细胞会分裂成 2 个"子细胞"，然后会继续分裂成 4 个细胞，然后是 8 个、16 个、

32 个、64 个，以此类推。

在生长过程中，人体中各个部分的分裂频率并不会保持一致，所以会打破上面的增长规律。不过通过它们的增长规律，我们可以推断出，平均只需要 50 到 60 次连续分裂，就足以产生成年人类体内的细胞总量，或者如果把一生中细胞的更替也算进去，大概需要分裂出 10 倍于成年人体内细胞总量的细胞。因此，平均来说，我的任何一个体细胞都只是受精卵的第 50 代或 60 代"后代"细胞。

有丝分裂中每个染色体都会被复制

染色体在有丝分裂中的行为是什么样的呢？它们会进行复制，两组染色体、两套代码都会进行复制。人们利用显微镜对这个过程进行了大量研究，人们对于这个过程也非常感兴趣，但是它过于复杂，这里就不进行详细阐述了。这个过程的关键点是，两个子细胞都能够获得两组完整的、和母细胞完全一样的染色体。所以从染

色体数量来讲，一个人所有的体细胞都是一模一样的。

尽管我们对这种机制了解得很少，但我们知道这与有机体的功能密切相关，每个细胞都有完整的一套（两份）代码文本，即便是不重要的细胞。

不久前，报纸上有这样一个报道：蒙哥马利将军在非洲的战役中，要求军队中每名士兵都要知晓其全部作战方案。如果报道内容完全真实（这种可能性相当大，因为他的士兵都是高智商的可靠之士），就为我们讨论的内容提供了一个绝佳的类比，每名士兵相当于一个细胞。最令人吃惊的是，有丝分裂过程中，细胞始终保持着两套染色体。遗传机制的显著特征是通过唯一一种与这条规则不符的细胞分裂凸现出来的，我们接下来要讨论这个话题。

减数分裂和受精（有性生殖）

个体发育完成之后，有一群细胞会被保存下来，以便在个体达到性成熟时产生配子用于个体繁殖。

根据个体性别不同，产生的配子分别是精细胞和卵细胞。所谓"保存"指的是，这些细胞不会有任何其他功能，同时进行的有丝分裂次数也更少。这种独特的细胞分裂叫做减数分裂，当生物个体性成熟后，一般在有性生殖发生前的很短一段时间内，会通过这种分裂方式让保留下来的细胞产生配子。减数分裂过程中，母细胞中的两个染色体组只是分成两个单独的染色体组，分别进入两个子细胞即配子当中。换句话说，有丝分裂过程中染色体翻倍的现象并不会出现在减数分裂当中，染色体数目保持恒定，因此所有配子都只有一半数量的染色体，只有一套完整的代码，而不是两套代码，比如人类的配子当中只有 24 条染色体，而不是 2×24 也就是48 条。

只有一个染色体组的细胞叫做单倍体（haploid，来源于希腊语，意思是单数）。所以配子都是单倍体，而体细胞为双倍体（diploid，来源于希腊语，意思是双数）。体细胞当中包含三个、四个或概括地讲包含多个染色体组的个体偶尔也会出现，它们被称为三倍体、四倍体，以及多倍体。

有性生殖过程中,雄性配子(精子)和雌性配子(卵子)这两种单倍体细胞融合在一起形成受精卵,受精卵就是二倍体。

受精卵中的一个染色体组来自母亲,另一个染色体组来自父亲。

单倍体个体

我需要对另一个观点进行纠正。虽然这对我们要探讨的问题无关紧要,但这个观点非常有意思,因为它能证明每一个单独的染色体组中都包含完整的"模式"代码文本。

在一些例子当中,减数分裂之后并没有立即受精,单倍体细胞(配子)历经许多次细胞有丝分裂,最终产生完整的单倍体个体。雄性蜜蜂就是孤雌生殖产生的个体,从蜂后产下的未受精卵——也就是单倍体的卵发育而来。所以,雄蜂是没有父亲的!它所有的体细胞都是单倍体。如果你愿意,你甚至可以叫它"夸张的精子",

实际上正如所有人知道的那样，雄蜂生命中唯一的任务就是产生精子。但这恐怕是一种荒唐的观点。这个例子并不是独一无二的。有很多种植物通过减数分裂产生叫做孢子的单倍体配子，会掉进土壤当中，像种子一样发育成一棵和二倍体植物大小相当的单倍体植物。图5是一种森林中常见的苔藓植物的草图。底部叶状的部分是单倍体植物，称为配子体，它的顶端会长出生殖器官和

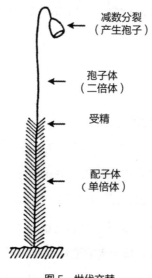

图 5　世代交替

配子，配子通过相互受精产生普通的二倍体植物，也就是顶端长了孢蒴的光秃的茎。它叫做孢子体，因为它顶端的孢蒴能通过减数分裂产生孢子。孢蒴打开的时候，孢子就会落在土里，长成叶状体，如此往复。这一事件的过程叫做世代交替。如果你愿意，也可以用相同的视角看待普通生物，比如人和动物。不过一般来说，这些生物的"配子体"是短暂的单细胞世代，也就是精子或卵子。我们的身体就是孢子体。我们的"孢子"就是那些"保存"下来的细胞，它们通过减数分裂产生了单细胞的配子世代。

减数分裂的重要性

个体繁殖过程中重要的、真正决定命运的事件并不是受精，而是减数分裂。我们的一组染色体来源于父亲，另一组染色体来源于母亲。运气也好，命数也罢，都干扰不了这个过程。每个人的遗传都是刚好一半来自父亲，一半来自母亲。而由于一些别的原因，来自一方的遗传

往往会比另一方的更明显，这一话题我们会在后面进行讨论（性别本身就是最显而易见的显性例子）。

但是如果你把遗传的来源一直追溯到祖代，情况就不同了。现在我们只讨论来自我父亲的染色体组，特别是其中的一条染色体，比如说 5 号染色体。这个染色体跟我父亲从他父亲或母亲那里获得的 5 号染色体中的一个是一模一样的。而我父亲传给我的 5 号染色体究竟是跟祖父传给他的那条一样，还是跟祖母传给他的那条一样，是由 1886 年 11 月我父亲的某个细胞发生的完全随机的减数分裂决定的，概率是一半一半，减数分裂产生的精子几天之后就会携带着这条染色体产生我。我身体中来自父亲的染色体组中的 1 号、2 号、3 号……24 号染色体都会经历同样的过程，同样的情况也适用于来自母亲的染色体组中的每一条染色体。而且，这 48 条染色体的分配都是完全独立的。即便已知我父亲遗传给我的 5 号染色体来自我的祖父约瑟夫·薛定谔，我父亲遗传给我的 7 号染色体还是有一半可能来源于我祖父，还有一半可能来源于我祖母玛丽·博格纳。

互换，性状的位置

但是因为一些完全随机的因素，一个人的身体当中，祖辈遗传物质的混合比上面讨论的情况更加复杂，因为上面的情况有个假定的前提。说白了就是对于一个特定的染色体来说，它都完整地遗传自祖父或祖母，换句话说，一个染色体在代代相传的过程中是完整不可分割的。然而事实并非如此，或者并不总是这样。在减数分裂中染色体分别进入两个子细胞之前，任何两个"同源"染色体都会彼此接触，并且在接触的时候可能会随机交换一部分，就像图6所示的那样。我们把这个过程叫做"互换"，通过这种机制，分别位于同一个染色体的两部分上

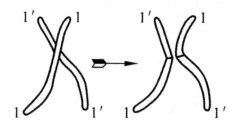

图 6 交换
左：接触中的两个同源染色体。右：交换和分离以后。

的性状就会在孙代发生分离，孙代中一个性状会随祖父，而另一个性状则会随祖母。

互换的行为并不罕见，也没有非常频繁，但给我们提供了关于染色体上性状相对位置的宝贵信息。要完整地解释这个问题，我们需要用到下一章会提出的一些概念（比如杂合子、显性等）；但是这样我们就偏离了这本小册子的主要内容，所以我会简单地指出一些要点。

如果不存在互换现象，那么同一条染色体决定的两个性状总是会一起遗传给下一代，不会出现后代得到了其中一个性状，却没有得到另一个性状的情况。而不在同一条染色体上的两个性状有 50% 的概率会分离，如果它们位于同一个亲代的同源染色体上，在后代就会分离，因为同源染色体不可能进入同一个子细胞。

这种规律和概率会由于互换现象受到影响。所以通过大量精心设计的繁育实验，仔细统计后代中性状的比例，就能够推断出互换现象发生的概率。这背后的统计学分析基于一个假设的前提，位于同一个染色体上的两个性状距离越近，它们的"连锁"就越不容易受到互换的影响。由于距离的两个性状之间发生交换的概率小，而靠近染色体两端的性状容易发生互换从而产生分离。（同一个亲代的同源染色体上的性状自由组合也遵循同样的规律）按照这一原理，通过对"连锁统计数据"进行分析，我们就能够绘制出每个染色体上的"性状图"。

这种设想已经完全被证实了。人们已经在一些动物上进行了充分的实验验证（主要但不限于果蝇），进行验证的性状实际上分成了许多不同的、相互独立的组，这些不同的组代表不同的染色体（果蝇有 4 对染色体）。对于每一组性状，通过对任何两个性状之间的连锁程度进行量化分析，就能够绘制出性状排列位置的线形图，这些性状实际上也几乎是按照线性排列的，这一结论与染色体的棒状结构也是相符的。

当然，上面描绘出的遗传机制的草图仍然不够复杂，甚至可以说有点简单。因为我们还没有解释对性状的理解。将一种生物的模式分割成离散的"性状"，似乎理由并不充分，而且也是不可能的，因为生物的模式是统一的，是一个"整体"。

现在，对于任何生物来说，我们所说的性状是指，一对亲本个体在某一个具体方面有差异（比如，一个是蓝眼睛，一个是棕眼睛），而后代这方面的特征与父母之一是一样的。我们在染色体上定位的实际上是产生这种差异的位置。（生物学术语称之为"基因座"，或者说，从其背后的物质结构，也就是"基因"。）性状的差异在我看来才是真正的基本概念，而性状本身并不是，虽然这种说法本身用词不够准确，逻辑也说不通。

性状的差异本身是离散的，下一章我们讨论到突变时就会发现这一点，而且我希望通过下一章的内容，我们目前对遗传机制干巴巴的描绘能够丰富多彩起来。

基因的最大体积

我们刚刚引入的基因这个概念，将其定义为：一种特定的遗传特征对应的理论物质载体。我们现在必须强调，与我们的探讨密切相关的两点。第一点是物质载体的体积，更准确地说是它的最大体积，换句话说，我们确定基因位置时能够精确到多小的体积范围。第二点是基因的永久性，这一点是从遗传规律的持久性推断而来

的。对于体积问题，人们通过两种不同的方法进行了估计，其中一种基于遗传学的证据（繁育实验），另一种则基于细胞学证据（在显微镜下直接观察）。

从原则上讲，第一种方法非常简单。通过上面描述的方法，定位一条特定染色体上大量不同（宏观尺度）性状（比如以果蝇为对象）后，染色体长度除以性状的数量，再乘以横截面面积，就得到了我们所需要的基因体积的估计数。当然，我们只认为能够偶尔发生互换的性状是不同的，这样它们的（显微或分子）结构就不可能是一样的。另外，这种估计方法只能得出基因体积的上限，因为随着研究的深入，通过这种遗传分析确认的性状数量也在不断增加。

而另一种估计方法虽然建立在显微观察的基础上，但事实上不如上一种方法直接。由于某些原因，果蝇身体中的某些细胞（即唾液腺细胞）体积非常大，它们的染色体也非常大。你能够看到染色体纤维上面分布着紧密排列的深色横向条纹。C.D. 达林顿指出，这些条纹虽然在数量上比繁育实验确定的遗传性状大得多（他使用的数字是 2000），但是二者仍然处于同一个数量级上。

他倾向于将这些条纹视为真正的基因（或者基因之间的间隔）。用正常大小细胞中染色体的长度除以这个数字（2000），他发现基因的体积大约与边长为 300 埃的立方体相当。考虑到这两种估计方法的粗糙，我们基本上可以认为这两种估计方法得到的数字是差不多的。

极小的数字

后面我们会详细讨论统计物理学与我能想到的所有事实之间的联系，或者我应该说，这些事实与统计物理学应用于活体细胞之间的关系。但请注意一个事实，液体或固体状态下，300 埃只有 150 个左右的原子距离，所以一个基因包含的原子数量不过一百万或几百万个。这一数字太小了（从 $\sqrt{n}$ 法则角度来看），从统计物理学的角度来看，也就是说从物理学的角度来看，根本不可能产生有秩序、有规律的行为。即便所有这些原子起的作用都是一样的，就像它们在气体或液滴当中那样，这个数字也太小了。而且基因肯定不会像质地均匀的液滴。

它可能是一个巨大的蛋白质分子，其中的每个原子、每个原子团、每个杂环都有各自的作用，或多或少与其他相似的原子、原子团或杂环有些不同。无论如何，这是前沿遗传学家霍尔丹和达林顿的观点，我们很快就会讲到几乎可以证明这一观点的遗传学实验。

稳定性

现在我们讨论第二个与我们的主题密切相关的问题。遗传性状的稳定性究竟有多强，这种稳定性与承载遗传性状的物质结构又有多大关系呢？

其实不需要进行任何特殊的研究，我们就可以回答这个问题。

我们能够讨论遗传性状本身就证明，我们几乎完全认可了它的稳定性。我们必须记住，父母遗传给孩子的并不仅仅是某个特点，比如鹰钩鼻、短手指、易患风湿、血友病、二色性色盲等等。我们也许能够方便地选取这些特点用于研究遗传定律。但是这些特点实际上是产生

"表现型"的完整（四维）模式，是个体可见的、明显的本性，它们由结合成受精卵的两个细胞的物质结构携带，经过数千年的代际传播也不会发生显著变化，不过在几万年的时间当中这种稳定性就难说了。

这可以说是个奇迹，不过还有一个更伟大的奇迹。这两个奇迹虽然密切相关，却在不同的层面上。我说的另一个奇迹是指：虽然我们人类的存在全部建立在这种奇迹般的相互作用上，但是能够掌握获取这个奇迹相关知识的能力。我认为这些知识也许能够让我们对第一个奇迹产生近乎完整的了解。

但第二个奇迹则可能超出人类的理解范围。

03

第三章

突变

"跳跃式"突变——自然选择的工作场地

　　我们刚才提出的一般事实证明了基因结构的稳定性，这些事实对我们来说可能过于熟悉，所以看起来有些平常，也没有说服力。俗话说，"例外恰好能够证明规律的存在"。在这件事情上其实一点没错。如果孩子都无一例外地跟父母一样，我们就不可能去做那些设计得精妙绝伦的实验，从而揭示出遗传的详细机制，而且也看不到大自然所做的百万倍精巧的宏达实验，这些实验通过自然选择和适者生存锻造出了生活在地球上的无数物种。

　　我把最后的这个重要问题作为介绍相关事实的开端，很抱歉，我需要再次声明我不是一个生物学家。

　　今天我们确切地知道，达尔文把微小、连续和意外的变异视为自然选择的基础材料是错误的，这些变异在最纯的种群当中也是经常发生的。因为这些变异已经被证明不是遗传的。我有必要在这里进行简要的证明。如果你逐个测量一批纯种大麦麦穗的麦芒长度，并将统计结果绘制成图的话，你会得到一条钟形的曲线，如图7所示。图中横轴代表麦芒的长度，纵轴代表麦芒长度为

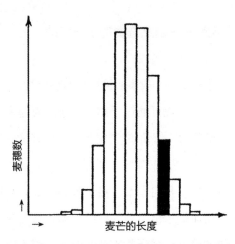

图 7　纯种大麦的麦芒长度统计。涂黑色的那组是选作播种的。
（本图细节并不是根据实际试验画出的，仅作说明之用）

某个数值的麦穗的数量。换句话说，这一批大麦中大多数麦穗的麦芒长度都是相对中等长度的，过长或过短的麦芒也会以一定频率出现。接下来选择一组麦芒长度超过平均值的麦穗（图中涂黑色部分），取足够多的数量，把它们播撒到田野中让它们长成一片新的大麦。采用同样的方法统计麦芒的长度，根据达尔文的观点，这批新的大麦麦芒长度分布曲线应该会向右平移。换句话说，达尔文认为通过选择能够增加麦芒的平均长度。而如果你用纯种大麦做这个实验，就会发现事实并非如此。用选择出的种子长成的大麦绘制出新的统计曲线，和之前是一模一样的，如果挑选的是麦芒较短的麦穗进行播种，也会得到同样的结果。在这里选择是无效的，因为微小的连续变异不是遗传的。这些特征显然不是基于遗传物质的结构，而是偶然的。但是大约40年前，荷兰人德弗里斯发现，即便是品系完全纯正的植物后代中，也有一小部分个体——大约几万个里面有两三个——会出现微小但是"跳跃式"的变化，"跳跃式"这种表达方式无意于强调这种变化有多么明显，其意义在于呈现出没有发生变化的特征和新特征之间没有过渡形式的不连续性。德弗里斯将这种现象称为突变，其明显的现象就是不连续性。这会让物理学家想到量子理论，两个相邻的能级中间并没有过渡的能级状态。物理学家可能倾向于把德弗里斯提出的突变理论比作生物学中的量子理论。

后面我们会发现，这不仅仅是个比喻。突变实际上就是由基因分子当中的量子跃迁造成的。但是德弗里斯1902年发表自己的理论的时候，量子理论的提出只有两年。难怪上一代人已经逝去，我们才发现了二者之间的密切联系！

纯育，即后代与亲代特征完全一致

突变和原始特征一样，都能将特性毫无改变地传递给下一代。举个例子，第一批纯种大麦中可能会有几个麦穗的长度明显有别于图7所示的变动范围，比如说完全没有麦芒。这可能就算是德弗里斯所说的突变，能够将突变特征传递给下一代，即它们的后代都是没有麦芒的。所以，突变体肯定是遗传发生了改变，即遗传物质发生了某种变化所导致的。实际上，大多数解释遗传机制的重要繁育实验，都要根据精心设计的计划，对杂交获得的后代中的突变体（或在很多情况下是有多个突变的个体）、非突变个体或多种突变个体进行谨慎的分析。另外，正是由于纯育的优点，突变成了自然选择的合适素材。通过消灭不适应环境的突变，让适应环境的保留下来，产生达尔文所描述的物种。放到达尔文的理论当中，你需要用"突变"代替他所说的"微小的意外变异"（就像量子理论用"量子跃迁"代替"能量连续传递"）。如果我上面阐述的内容是对大多数生物学家观点的正确解读的话，达尔文理论的其他方面并不需要做什么修改。

定位，隐性和显性

现在，我们需要评价一些突变相关的概念和其他基础事实，这次我们还是要用略微教条的方式，而不是直接说明它们是如何一个一个地通过实验证据被提出的。

我们可以认为，一种确定的、被观察到的突变是来自染色体特定区域的改变。事实也的确如此。必须要说明的是，这种变化只发生在一个染色体上，而没有发生在同源染色体相应的"基因座"上。如图8所示，十字叉表示的就是突变的基因座。当我们把突变个体（往往

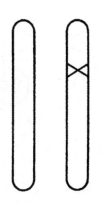

图8 杂合的突变体 "X"标明突变的基因。

也叫"突变体")与非突变个体进行杂交后，就可以确定这种突变是否只发生在一个染色体上了。后代当中会有一半个体表现出突变体的性状，而另一半则展现出非突变性状。这正好符合突变体当中减数分裂后两个同源染色体分离的现象，如图 9 所示。这个就是"谱系图"，用相关的一对染色体代表每个个体（连续三代）。请注意，如果突变体的两条染色体都发生了改变，所有的后代都会遗传到相同的（混合）遗传物质，跟父母都不一样。

但是这一领域的实验并不像我们所说的这样简单，

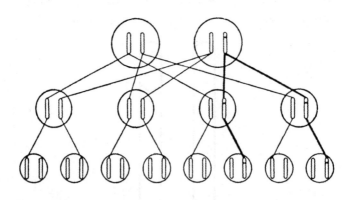

图 9　突变的遗传，交叉的直线表示染色体的传递，双线表示突变染色体的传递。第三代未作说明的染色体来自图中未包括的第二代的配偶。假定这些配偶不是亲戚，也没有突变。

另一个重要事实使之变得更加复杂。突变往往是潜伏的。这是什么意思呢?

在突变体中,两套代码文本中的代码不再是一模一样的了,同样一个区域,它们分别能够产生两种不同的"解读"或"译本"。我们最好马上指出,虽然我们很容易将原来的译本看作"正统",将突变译本看作"异端",但是这种看法是错误的。从原则上讲,我们应该将二者等同视之,因为正常的特征也是通过突变产生的。事实是,从整体而言,个体的"范式"只会遵循其中一个译本的代码,可能是正常的也可能是突变的。个体遵循的代码被称为显性,而另一个则是隐性。换句话说,根据突变是否能够迅速改变个体的范式,可以分为显性突变和隐性突变。

隐性突变往往比显性突变更加常见,而且它们非常重要,虽然刚开始它们并不会被表现出来。这些突变要表现出来的前提条件是,必须同时出现在两个染色体上(见图10)。只有当两个同样的隐性突变体进行杂交或隐性突变体进行自交时,才会产生这样的个体。在雌雄同体的植物当中,这种现象是可能发生的,甚至会自发产生。

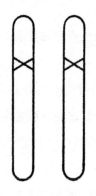

图10　纯合突变体，是从杂合突变体（图8）自体受精，或两个杂合突变体杂交产生的后代中1/4的个体中获得的。

通过简单计算就会发现，在这些情况下，大约1/4的后代是能够表现出突变范式的类型。

介绍一些术语

为了讲清楚问题，我想在这里解释几个术语。

我所说的"代码文本的译本"，无论是突变的还是非突变的，都指的是遗传学当中"等位基因"的概念。如图8所示，当一个个体两个代码文本的译本不同时，我们会说，它在这个基因座是杂合子。当这两个代码文本一样的时候，比如非突变个体或图 10 所示的个体，这样的个体称为纯合子。因此，只有个体是纯合子的时候，隐性等位基因才会对范式产生影响，而无论个体是杂合子还是纯合子，显性基因都会产生同样的范式。

一般来说，有色相对于无色（或白色）都是显性的。以豌豆为例，只有植株的两个染色体上都是"该性状的隐性等位基因"时，它才会开白色的花，这样的豌豆被称为"白花纯合子"，其后代也都是开白花的。但是具有一个"红花等位基因"（另一个等位基因是白花，也就是杂合子）的植株会开红花，具有两个红花等位基因（纯合子）的植株也是开红花的。后两种情况的不同之处体现在后代的花色上，红花杂合子会产生一部分开白色花的后代，而红花纯合子产生的后代都是开红花的。两个个体的外貌完全相同，而内在遗传物质却不相同，所以严格区分它们就非常重要。遗传学家会说，这两个个体有相同的表型，但是有不同的基因型。因此，前面几节的内容就可以用言简意赅但非常专业的表述概括为：

当基因型为纯合子的时候，隐性等位基因才能影响表型。

我们偶尔会用到这些专业说法，必要的时候会向读者解释它们的含义。

近亲繁殖的危害

只要隐性突变保持杂合子的状态，自然选择就对它无能为力。如果它们对应的表型是有害的（而突变往往是有害的），这样的突变就不会被消除，因为它们并没有表现出相应的性状。因此，生物能够积累一定数量的突变，但不会立刻产生危害。但如果它们将有害的隐性突变染色体传递给后代，就可能产生危害，这一点对人类、牲畜、家禽和其他物种都有重要意义。

人类对于优良的身体性状非常在意。图9当中的杂合雄性个体(假如说那就是我)携带了一个隐性有害突变，这种有害突变并没有表现在我身上。假设我的妻子并没有隐性突变，那么我们的孩子（第二行）当中会有一半携带隐性突变，同样是杂合子。如果他们仍然和不携带隐性突变基因的配偶生育（图中并未显示，为避免读者产生困惑，特此说明），按概率来说，我们 1/4 的孙代会携带隐性突变。有害突变并不会显现出来造成危害，除非同样携带隐性基因的个体和我们的子女婚配产生后代，经过简单计算就可以得知，他们的孩子中有 1/4 是能够表现出有害特征的纯合子。

除了自交（只有雌雄同体的植物才有可能发生）之外，最有害的繁殖方式就是我的儿子和女儿结婚了。他们每个人都有 50% 的可能性携带了有害突变，有 25% 的乱伦婚姻会导致 1/4 后代表现出有害特征。所以乱伦婚姻生育的子女具有有害表型的概率为 1/16。

同样，我的两名（"纯种"）孙辈婚育，也就是堂兄弟姐妹结婚生下的子女中出现有害表型的概率为 1/64。这似乎并不是什么大得吓人的概率，而且其实第二种情况通常是可以被接受的。但是不要忘了，我们分析的只是亲代（"我和我的妻子"）一方具有一个隐形有害突变的后果。事实上，很有可能夫妻双方都有一个以上隐性缺陷等位基因。如果你确认自己存在一个隐性突变，那你就能推测出自己的堂兄弟姐妹有 1/8 的可能有同样的基因型！植物和动物实验表明，除了相对罕见的严重缺陷之外，个体当中还可能存在较小的缺陷，造成近亲繁殖的后代质量整体下降。

如今我们已经不会像斯巴达人在泰格托斯山中那样残忍地处理后代中的失败者了，我们需要严肃看待这个问题：适者生存的自然选择对人类的作用被大大削弱，甚至完全转向了。在更为原始的生存条件下，战争可能会促使人们做出适者生存的具有积极意义的选择，但是在现代社会中，在所有国家屠杀大量健康青年的反选择效应是毫无理由的。

总体及历史评论

隐性等位基因在杂合状态下，完全被显性等位基因压倒，不会产生任何可观察到的作用，这一点非常令人惊叹。不过我们也要指出，这种行为也是有例外的。当开白花的纯合子金鱼草和开深红色花的纯合子金鱼草杂交时，第二代开的花颜色是介于两种亲本之间的，也就是粉红色（并非如我们所料的深红色）。两个等位基因同

时表现出作用的更重要的例子是血型，但是我们暂且不讨论这个问题。如果隐性最后能够根据我们用来观察"表型"的试验的敏感程度的不同呈现出不同的等级，我也不应该感到诧异。

这里我也许该讲一下遗传学的早期历史。遗传学理论的基石是遗传定律，即亲代不同的特征在后代中的表现规律，尤其是显、隐性的重要区别，其发现者是如今享誉世界的奥古斯汀修道院的院长格雷戈尔·孟德尔（1822—1884）。孟德尔对于突变和染色体一无所知。在布隆（今捷克的布尔诺市）的修道院花园中，他用豌豆进行了杂交实验，一开始，他培育了不同的品种，让它们杂交并观察第一代、第二代、第三代……代际的后代。可以说，他的实验所用的突变体是自然界中现成的。1866 年，他就在布隆自然科学协会会刊上发表了自己的实验结果。似乎没人对修道院院长的爱好感兴趣，当然也没人会想到，他的发现将会成为 20 世纪一个全新学科的指导原则，甚至成为当今最有趣的学科。他的论文很快被人遗忘了，直到 1900 年才同时被科伦斯（柏林）、德弗里斯（阿姆斯特丹）和切尔玛克（维也纳）三人重新发现。

突变作为罕有事件的必要性

迄今为止，我们的关注点都放在有害突变上，虽然这类突变相对更多，但我必须明确，我们也遇到过有利的突变。我们知道生物"尝试"随机冒险做出的一些变化，最终会因为其有害性而被自动消除。这就引出了一个非常重要的观点。为了成为自然选择的合适素材，突变必须是小概率事件，实际上突变发生的概率也非常低。如果它们发生的频率非常高，比如一个个体出现十几个不同的突变，有害突变很快就会超过有利突变占据主导地位，这样物种就不会在自然选择过程中得到改善，反而会原地踏步甚至逐渐衰落。基因的高度稳定性导致的相对保守是十分必要的。我们可以以工厂中的大型制造车间为例解释这件事：为了开发出更高效的生产方法，工厂必须不断进行工艺创新，为了确定创新工艺是会提高还是降低产量，车间每次只能引入一个创新工艺，其他生产机制则必须保持不变。

X 射线诱发的突变

现在我们要来回顾遗传学当中最巧妙的一系列研究工作，它们也会证明我们的分析中最重要的特征。后代中基因发生突变的比例叫作突变率，通过用 X 射线或 γ 射线照射亲本，微小的自然突变率就能够大大提高。通过这种方法产生的突变和自发突变并无二致（除了数量更多以外），而且我们知道，所有的"自然"突变都是可以通过 X 射线诱导产生的。在大量人工培育的果蝇中，特殊的突变会反复发生，如"互换，性状的位置"一节中所说，这些突变已经完成了染色体上的定位，人们还给它们起了特殊的名称。人们甚至发现了"复等位基因"现象，也就是说，染色体代码的同一个位置上除了普通非变异的基因以外，会出现两个或两个以上的不同"译本"或"解读"，即一个特定的"基因座"上可能会有 3 种或更多等位基因，其中任何两个同时出现在一对同源染色体的相应基因座时，都会表现出"显 - 隐性"关系。X 射线导致突变的实验表明，当一定剂量的 X 射线在子代产生前照射亲本后，每个特定的"转变"，也就是从正

常个体变成特定的突变体或相反过程，都有各自的"X
射线转化系数"，这个系数代表了通过这种方式子代发生
突变的百分比。

规律一，突变是单一事件

此外，发现影响突变率的规律非常简单，而且极具
启发性。我对这些规律的阐述是基于梯莫菲也夫在1934
年《生物学评论》第九卷发表的报告，这篇报告在一定
程度上反映了作者本人出色的研究工作。

第一条规律是：突变率的增加和射线剂量成正比。
也就是说（正如我所说的）剂量的增加可以提高突变的
概率。

我们对于简单的比例关系习以为常，所以容易忽视
这一条简单规律背后的深远影响。举个例子来说明一下，
商品价格并不总是和商品数量成比例的。经常会出现这
种情况——你已经从商店店主那里买了6个橘子，当你
决定再买6个橘子的时候，店主由于某种原因决定都以

12 个橘子的价格卖给你。而在商品稀缺的时候，则可能发生相反的情况。

就眼前的例子而言，我们会发现，如果说前一半辐射剂量导致 1000 个后代当中有 1 个是突变体，而其他的后代则不受影响，既不会让它们容易产生突变，也不会让它们不会发生突变。而后一半辐射剂量则不会导致 1000 个后代中出现 1 个突变体。所以突变并不具有累积效应，连续的小剂量辐射并不会让突变率上升。突变一定是由辐射过程中一个染色体上发生的单一事件引起的。究竟是哪一种事件呢？

规律二，事件的局域性

上面提到的这个问题规律二则可以做出解答：如果使用范围较广的不同性质（波长）射线，从软 X 射线到硬 γ 射线，只要射线的剂量保持不变，突变的系数就会不变，也就是说，亲本接受辐射的地点，在一定时间内标准物质受到的辐射总量是一样的。

人们之所以选择空气作为标准物质，并不仅仅是因为其方便，而且因为生物组织是由与空气平均原子量相当的元素构成的。只要将空气当中电离的数量乘以密度比，就可以得到组织出现电离或类似过程（激发）的总数下限。通过更重要的研究已经证实，导致突变的单一事件就是生殖细胞中某些"关键"区域发生的电离（或类似过程）。

　　那么这个关键区域有多大呢？

　　我们通过观察突变率并按照下面的方法计算就可以得到大致的数字：如果每立方厘米产生 50000 个离子的辐射剂量会导致任何配子（在辐射区域中）以特定方式发生突变的概率是 1/1000，我们就可以说关键区域（离子"撞击"能够产生突变的"靶区域"）的面积是 1/50000 立方厘米的 1/1000，也就是 5000 万分之一立方厘米。这个数字并不准确，只是用于举例说明。我们采用德尔布吕克在与梯莫菲也夫、齐默尔合著的论文中实际估算的结果，这篇论文也是接下来两章要阐述的内容的理论来源。他得到的结果是大约 10 个平均原子距离的立方，这一体积当中包含的原子数量约为 $10^3=1000$ 个。

对这一结果的最简单解读是，只要距离染色体上某个位置"10个原子距离"以内的地方发生了电离（或激发），就会发生一次突变。

现在我们要更详细地讨论这个问题。

梯莫菲也夫的报告中隐含了一个信息，我忍不住要提出来，虽然这跟我们探讨的事情没有太大关系。现代化的生活环境中，一个人有很多机会被X射线照射。它产生的直接危害是灼伤、X射线癌症、不育等，我们对此已经非常了解，铅屏、铅服能够作为防护措施，帮助经常使用射线的医生、护士避免受到射线的伤害。但问题在于，即便射线对个体的危害能够避免，但射线还是会造成间接伤害，也就是生殖细胞当中会出现微小的有害突变，即我们在讨论近亲繁殖产生不良结果时提到的那些突变。说得夸张一点，甚至可能这有点天真，由于祖母是长期从事与X射线有关的护士类工作，堂兄弟姐妹之间结婚就可能会增加有害突变的概率。

对于任何个人来说，这是不需要担忧的。但对于整个社会来说，全人类长期受到有害隐性突变的影响，这是我们应该担忧的事情。

04

第四章

量子力学证据

经典物理学无法解释的稳定性

借助精密的 X 射线仪器（物理学家肯定记得，30 年前这种仪器解释了晶体的详细原子晶格结构），生物学家和物理学家共同努力，成功地将与个体特定宏观特征相关的显微结构的体积——"基因的体积"——上限降低到了比"基因的最大体积"一节中所提到的数字小得多的程度。

我们如今面临着一个严肃的问题：从统计物理学的角度看，我们如何才能接受这些事实，即基因结构似乎涉及的不过就是相对较少的几个原子（数量级大概是 1000 左右，甚至可能更少），而它却能奇迹般地、持久而稳定地进行有规律和有秩序的活动？

我要再一次解释这种让人惊叹不已的情况。哈布斯堡王朝的一些成员下嘴唇存在一种奇特的缺陷（"哈布斯堡嘴唇"）。维也纳帝国学院在该家族的赞助下，对这一缺陷的遗传现象进行了仔细研究，并连同历史上的成员肖像画一同发表了。研究发现，这个特征刚好是相对于普通嘴唇形状的孟德尔式"等位基因"。当我们观察 16

世纪的家族成员以及生活在 19 世纪的家族后代的自画像时，就可以推断出，产生这种异常特征的实际基因结构，几千年来在这个家族中代代相传。在代与代之间为数不多的细胞分裂过程中，这一基因结构得到了精准的复制。而且，相应基因结构中的原子数量似乎也符合 X 射线实验结果的数量级。而且基因代代相传的过程中，它周围的温度始终是 36.7℃左右。

我们怎么理解这种基因结构在数千年间，一直保持不被无规律的热运动影响呢？ 19 世纪末的物理学家如果只能用他能够解释和真正理解的自然定律去回答这个问题，他肯定会哑口无言。事实上，他对这种情况的统计学事实思索片刻后，可能会这样回答（下面我们会发现，他的回答是正确的）：这些物质结构只可能是分子。当时化学家已经掌握了分子相关的知识，包括它们的存在、有时候具有极高的稳定性、和原子的关系等。但是这些知识都是来源于经验。分子的本质人们并不了解，让分子保持固定形状的原子间的强相互作用力对当时的每个人来说都是个谜。

实际上，物理学家的回答是对的。但是生物结构"神秘的"稳定性还需要追溯到化学结构的稳定性,而且这种稳定性同样令人捉摸不透,所以这个答案的价值非常有限。

虽然表面上相同的两种相似特征基于同样的原理,但只要我们对原理本身一无所知,它就是不确定的。

量子理论可以解释

这种情况下,量子理论能提供解释。

现有的知识体系中,遗传机制和量子理论有密切的关系,甚至可以说遗传机制就建立在量子理论的基础上。

1900 年,马克思·普朗克发表了量子理论。现代遗传学的建立也可以追溯到德弗里斯、科伦斯和切尔玛克重新发现孟德尔的论文(1900 年)和德弗里斯发表关于突变的论文(1901—1903 年)。因此,这两个伟大理论几乎是同时诞生,也难怪这两个学科在成熟到一定程度后会产生联系。

超过 1/4 个世纪后的 1926 年到 1927 年,海特勒和弗利茨·伦敦才终于提出了化学键量子论的一般原理。海特勒－伦敦理论包含了量子理论最新进展中最精妙复杂的概念（称为"量子力学"或"波动力学"）。不用微积分描述这一理论几乎是不可能的，或者至少需要再写一本小册子才能解释清楚。但幸运的是，目前所有能帮我们理清思绪的工作都已完成，我们现在能用更直接的方式指出"量子跃迁"和突变之间的关系，解决当下最显而易见的问题。这就是我们想要做的事情。

量子理论—不连续状态—量子跃迁

　　量子理论的一个伟大发现是在"自然之书"中发现了不连续的特点，而当时人们秉持的观点是，自然界中不连续的东西是极为荒唐的。

　　不连续的第一个例子是关于能量的。宏观物体的能量改变是连续的。比如钟摆的摆动幅度会因空气阻力逐渐减小。很奇怪，量子理论证明了，原子尺度的系统行为是不同的。根据一些不能在此详细说明的理由，我们必须假设一个非常小的系统天然只具有一些不连续的能量，称之为特殊的能级。从一种能量状态转变为另一种能量状态是相当神秘的事件，通常被称为量子跃迁。

但是能量并不是一个系统的唯一特征。再回到钟摆的例子，不过这次设想一种能做不同运动的钟摆。用一根细绳将重球吊在天花板上，可以让这个球沿着东西方向、南北方向或任意方向摆动，也可以让它做圆周摆动或按椭圆形轨迹摆动。用风箱轻轻吹动重球，就能连续让它从一种运动状态转变成另一种运动状态。

对于微观系统来说，诸如此类的特征——在此我们不能详细介绍——大都会发生不连续的变化。它们就像能量一样，是"量子化"的特征。其结果就是，几个原子核连同外周的电子彼此靠近时，就会组成一个"系统"。它们自身的性质也决定了，这个系统不会采用我们能够想到的任何一种构型。它们的本质决定了只能从大量不连续的"状态"当中选择一个。我们通常将这些状态称为级或者能级，因为能量是状态特征非常重要的一部分。但是，对一种状态的完整描述不是只包含能量。将一种状态理解为所有微粒的确定构型，这种想法是正确的。

从一种构型转变为另一种构型就是量子跃迁。如果第二种构型的能量比较大（也就是能级较高），那么这个系统就必须从外界吸收至少两个能级能量差的能量才能完成这种转变。转变到能量较低的状态可以通过辐射的形式消耗多余的能量自发完成。

分子

一组特定原子的不连续状态中，存在一个状态能让这些原子构成一个分子。在此要强调的是，分子必须具有一定的稳定性，也就是说它的构型不会改变，除非从外界获得能够"提升"到更高能级的能量。因此，这种能够用数量精准表示的能极差，就定量地决定了分子的稳定程度。

我们能够观察到，这个事实与量子理论基础的关系是多么密切，换言之，即与能级的不连续性的关系是多么密切。

这种观点体系已经经过了化学现象的彻底验证，这种观点也成功解释了化合价的基本事实、很多分子结构的细节、它们的结合能、不同温度下的稳定性等现象。我在这里所说的就是海特勒 - 伦敦理论，正如之前所说，我不能在此详细解释该理论。

分子的稳定性与温度有关

我们必须研究生物学问题中最让人感兴趣的一点，就是分子在不同温度下的稳定性。假设由原子构成的系统一开始处于最低能级的状态。按照物理学家的说法，是绝对零度条件下的分子。要让它跃迁到相邻的更高能级状态上，它必须从外界吸收一定的能量。提供能量最简单的方法是"加热"这个分子。你可以把它放到温度更高的环境当中（"热浴"），让其他系统（原子、分子）撞击它。考虑到热运动是完全不规律的，因此也就不存在一个准确的临界温度，使系统在这样的温度下能够确定、迅速地完成能级"提升"。相反，在任何温度（只要不是绝对零度）下，都或多或少存在一定提升能级的概

率，当然，随着热浴温度的提高，这种概率也会相应提高。表示这种概率最好的方式就是计算发生能级提升所需要的平均时间，也就是"期待时间"。

根据迈克尔·波拉尼和维格纳进行的一项研究，"期待时间"很大程度上取决于两个能量的比例关系，一个能量是为了"提升"能级所需要吸收的能量差（我们用W表示），另一个能量是特定温度下用来表示热运动强度的特征能量（我们用T代表绝对温度，用kT代表特征能量）。合理的逻辑是，实现"提升"的概率越小，那么期待时间也就越长，"提升"本身所需的能量与平均热能的比就越大，也就是W∶kT的值就越大。令人惊讶的是，W∶kT的值只要发生一点点变化，就会导致期待时间产生剧烈变化。举个例子(德尔布吕克使用过的例子)来说，如果W∶kT的值是30，那么期待时间可能只有1/10秒；但是如果这个值上升到50，期待时间会增加到16个月；这个值上升到60时，期待时间会增加到30000年！

数学表达公式

对于感兴趣的读者来说，期待时间之所以对能级或温度变化如此敏感也可以用数学语言进行解释，并辅以一些相关的物理学说明。原因在于，如果我们用 t 表示期待时间，它和 W/kT 符合指数函数关系，也就是：

$$t = \tau \times e^{W/kT}$$

其中，τ 是一个数量级为 10^{-13} 或 10^{-14}，单位为秒的常数。

这个指数函数关系并不是偶然的特征。它反复出现在统计热力学当中，成为该理论的核心。

这个函数计算的是一种不可能性，即这个系统中的某个区域偶然积聚到数量为 W 的能量时的不可能性，也是某个区域中能量增长到"平均能量"kT 的一定倍数的不可能性。

实际上，当 W 是 kT 的 30 倍时（上面提到的例子），这种事件出现的概率就非常小了。不过这也没有导致期待时间变得无比漫长（在我们上面提到的例子中，只有 1/10 秒），这是因为系数 τ 非常小。这个系数具有物理学意义，它代表这个系统持续发生振动的周期。你可以宽泛地将这个系数理解为，系统通过每秒 10^{13} 或 10^{14} 次微小但持续不断的振动，将能量积累到提升能级所需的 W 水平的概率。

第一个修正

把这些考虑提出来作为分子稳定性理论时，我们已经默认假设分子在进行被我们称为"提升"能级的量子跃迁后，即使不会发生彻底分解，构成它的原子也会变成一种完全不同的构型——用化学家的话说变成了同分异构体，也就是有相同分子式而有不同原子排列的分子（应用到生物学上，同分异构体就代表了同一个"基因座"上不同的"等位基因"，而量子跃迁则代表突变）。

要让这种解读符合实际，我们的理论需要进行两点修正，为了让它们通俗易懂，我会用简单的方式解释这两点修正。

　　按照我之前所说的，需要假设当一群原子只有处于最低的能量状态时，我们才会将其称为分子，而当它们进入更高的能量状态时就会成为"别的东西"。事实并非如此。最低能级后面还紧密排列着一系列能级，在这些能级状态上分子的整体构型并不会发生明显改变，而只是对应我们之前讲到的原子的微小振动。它们也是"量子化"的，不过不同能级之间的能量差相对较小。所以较低温度的"热浴"产生的粒子撞击可能足以让它们进入这些能级。如果我们讨论的分子是很长的结构，你可以将这些振动看作高频声波，声波会穿过分子，但不会对其造成伤害。

　　所以我们要对理论做出的第一个修正是：我们必须忽略能级图中"振动相关的精细结构"。"相邻的更高能级"这个词也必须理解为，与分子构型变化相关的相邻能级。

第二个修正

第二个修正解释起来要困难得多，因为其中涉及一些包含不同能级图的重要且复杂的特点。两个分子之间的自由通路也许会遇到阻碍，这跟提升能级所需要吸收的能量没有关系。事实上，从高能级跃迁到低能级的时候也会受到阻碍。

让我们先来看看经验事实。化学家知道，相同的一组原子能够以多种方式构成分子。这样的不同分子叫作同分异构体。同分异构现象并不是特例，而是一种规律。分子越大，可能存在的同分异构体就越多。图11展示的是最简单的例子，图中是两种不同的丙醇，它们都是由3个碳原子（C）、8个氢原子（H）和1个氧原子（O）组成的。氧原子能够插入到任何氢原子和碳原子之间，但只有图中显示的这两种情况才是不同的物质。它们确实完全不同，所有的物理化学性质都存在显著差异。这两种物质的能量也不一样，它们就代表了"不同的能级"。

值得关注的是，这两种分子都非常稳定，都显示出处于"最低能级状态"。这两种分子之间也不会自发进行

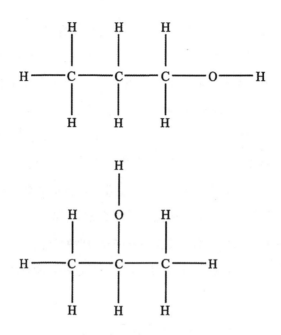

图 11　两种丙醇的同分异构体

相互转化。

　　原因在于，这两种构型并不是相邻能级的构型。任何一个分子要变成另外一个分子，都需要经过中间体构型，而这个中间体的能量比这两种丙醇都高。说得粗暴一点，需要把氧原子从原来的位置抽离出来，然后插入到新的位置，要做到这一点，就不可能不经过能量高很多的过渡构型。这种情况可以用图12形象地表示出来，其中1和2代表两个同分异构体，而3则是中间的"阈"，两个箭头表示"能级提升"，也就是说，要从状态1变为状态2，分子首先要吸收能量，反之亦然。

现在我们可以提出"第二个修正"了，即这种"同分异构体"之间的改变才是我们在生物学应用当中最关心的问题。我们在之前解释"稳定性"的时候就已经讨论过这一点了。我们所说的"量子跃迁"正是指从一种相对稳定的分子构型转变为另一种构型的过程。转变所需的能量（其数量用 W 表示）并不是这两种能量状态的

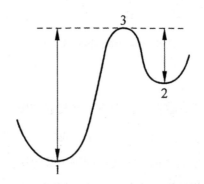

图12 同分异构体的能级（1）和（2）之间的阈能（3）。
箭头表示转变所需的最小能量。

能量差，而是初始状态与阈之间的能量差（见图 12 中的箭头）。初始状态和最终状态中间没有阈的转变过程我们一点都不感兴趣，不仅是在生物学应用中如此，在其他情况下也是一样。这样的"量子跃迁"不会让分子具有化学稳定性。为什么呢？因为这种跃迁不可能持续太久，不可能被发现。一旦发生这样的跃迁，由于没有障碍，它很快就会恢复到初始状态。

05

第五章

对德尔布吕克模型的
讨论和验证

对遗传物质的总体描述

通过上面的事实，我们可以简单回答一个问题：数量不多的原子组成的结构——这样的遗传物质能否在漫长的时间中不受无时无刻不在发生的热运动干扰？我们应该假设基因的结构是一个巨大的分子，只会发生不连续的变化，这些变化主要是原子进行重新排列，最终产生同分异构体。

原子的重新排列可能只会影响到基因的一小部分区域，但是也可能有很多种不同的重新排列方式。由于能量阈的存在，分子的实际构型不会自发转变为任何一种同分异构体的构型，所以能量阈必须要足够高（与原子的平均热能相比），才能让自发转变成为小概率事件。这些小概率事件就等同于自发突变。

本章后面的内容会通过与遗传学事实进行详细对比，检验关于基因和突变的总体描述（主要理论来源是德国物理学家德尔布吕克）。

在对比之前，我们最好对该理论的基础和一般性质进行评述。

这种描述的独特之处

对生物学问题追根溯源，从量子力学的角度去回答问题是绝对必要的吗？我敢说，基因是一个分子这种推测在今天已经是老生常谈了。无论懂不懂量子理论，几乎没有生物学家会反对这一点。在第四章一开头，我们借经典物理学家之口说出了这种观点，因为只有这样才能合理解释我们观察到的持久性。接下来我们还提到了同分异构现象、阈能量、W/kT 在决定同分异构体之间相互转化的可能性中的重要作用。以上所有内容我们都能够在不引入量子理论的情况下，纯粹以经验进行解释。

通过这本小册子我很难将量子力学解释得清清楚楚，也许还会让一大批读者感到无聊乏味，那我为什么还要强烈坚持用量子力学的理论解释这些问题呢？

量子力学是第一个能够从基本原理的角度解释我们在自然界中遇到的所有类型原子集合体的理论。海特勒-伦敦键是这一理论的独特的产物，其本来目的并不是解释化合键。这个理论成果的诞生过程非常有趣且令人费解，而我们出于完全不同的理由被迫接受了它。它完全符合我们观察到的化学现象，正如我所说，这是一个独有的特征，而且我们对它的理解足够深入，可以肯定地说，这样的事情在量子理论的未来发展中不可能再出现了。

因此我们可以断言，不存在其他的遗传物质的分子解释。从物理学领域来说，不可能有其他能解释遗传物质及其稳定性的可能了。如果德尔布吕克对遗传物质的描述是错误的，我们就得放弃进一步探讨的尝试了。这是我要说明的第一点。

一些传统的误解

但可能有人会问：是否除了分子之外，不可能存在其他由原子组成的稳定结构呢？比如，金币不是也能埋在墓穴当中数千年，其轮廓和表面的人物像依然清晰可见？金币的确是由无数原子构成的，但是我们不能将其外形保持良好归因于原子的大数规律。同样的理由也适用于我们从岩石当中找到的形状整齐的水晶，它们也经历了许多地质时期却没有发生变化。

这就引出了我想说明的第二点。无论是分子还是固态晶体，它们没什么不同。从现有的知识来看，从本质上讲它们是一样的。但不幸的是，学校教育还秉持着一些传统观点，这些观点已经过时了许多年，而且会妨碍人们对真实情况的理解。

的确，我们在学校习得的关于分子的内容并不会让我们觉得，相比于液态或气态物质，它们更接近固态物质的性质。相反，学校里学到的知识会让我们认真区分这些物理状态的变化，比如熔化或蒸发，在这些过程中分子本身是不会发生变化（比如，以酒精为例，无论是固体、液体，还是气体状态，酒精的分子永远都是C_2H_6O），而如果发生化学变化，比如酒精的燃烧，酒精分子会和 3 个氧气分子发生原子重新排列，形成 2 个二氧化碳分子和 3 个水分子，化学反应式为：

$$C_2H_6O + 3O_2 = 2CO_2 + 3H_2O$$

至于晶体，我们在学校学过它们能够形成具有三维周期的晶格，在这样的晶格中有时候可以识别出单个分子的结构，比如酒精以及大多数有机化合物。而其他晶体，比如食盐（氯化钠，NaCl），情况则不太一样。氯化钠分子是无法被清晰地识别出来的，因为每个钠原子周围都对称地分布着 6 个氯原子，反之亦然，所以我们可以随便说哪个钠原子和氯原子是一对，可以组成氯化钠分子。

最后，我们还学过，固体可能是晶体也可能不是，对于后者我们会称其为无定形固体。

物质的不同状态

现在我不会非常极端地说，上述所有说法和区分都是错误的。从实际操作的角度而言，它们有时候还是有用的。但是讨论到物质真正的结构时，我们就要采取完全不同的方式划分物质的不同状态。下面两行"等式"可以表明两种区分方法之间的关系：

分子 = 固体 = 晶体

气体 = 液体 = 无定形固体

我们必须首先简单解释一下这些说法。所谓的无定形固体并不是真的没有形状，也不一定是固体。通过 X 射线，我们在"无定形"的碳纤维当中发现了石墨晶体的基本结构。所以木炭既是固体也是晶体。如果我们在一种物质当中找不到晶体结构，我们就得把它看作一种"黏性"（内部摩擦力）非常大的液体。这样的物质特征是没有明确的熔点，也不存在熔化潜热，所以并不是真正的固体。当你加热这种物质的时候，它会逐渐变软，连续变化，最终彻底成为液体（我记得，第一次世界大战快结束的时候，我们在维也纳时，被分配了一种沥青一样的物质代替咖啡。那东西太硬了，人必须得用凿子或斧头才能把小砖块一样的东西敲成小块碎片，裂开的地方非常光滑，像贝壳一样。但是，给它足够的时间，它就会表现出液体的性质，如果你用这种东西把容器底部塞满，并把它这样放上几天，你肯定会后悔）。

　　气态和液态的连续变化性质我们已经很熟悉了。只要靠近所谓的临界点，气体就会连续地液化。在这里我们就不多谈了。

真正重要的区别

我们已经证明了上面等式中的大部分内容，但还剩下关键的一点：我们希望能够将分子看作一种固体，也就是一种晶体。

原因在于，构成分子的原子无论多少，把它们凝聚在一起的作用力和无数原子构成真正的固体也就是晶体所使用的作用力，在本质上是完全一样的。分子能够展现出晶体一样的结构稳定性。

我们解释基因稳定性时所提到的恰好就是这样的稳定性！

物质结构中真正重要的区别在于，使原子结合在一起的是不是海特勒 - 伦敦键。对于固体和分子来说，原子都是由这种作用力结合在一起的。但是单个原子构成的气体（比如水银蒸汽），原子和原子之间的作用力就不是海特勒 - 伦敦键。分子构成的气体中，只有每个分子中的原子靠这种方式连在一起。

非周期性固体

一个小分子可以被称为"固体的种子"。

从这样一个小小的种子开始，有两种方式能够让固体的规模逐渐变大。第一种方式比较无趣，就是向三个方向不断重复同样的结构，晶体的生长就是遵循这种方式。一旦周期确定了，规模的增长其实是没有明确上限的。

另一种方式是，不按照固定模式不断地重复。越来越复杂的有机分子就是采用这种方法。这样的分子中，每个原子、每个原子团都有各自的功能，和很多其他原子或原子团并不一样（而周期结构中则是一样的）。我们可以把这些分子称为非周期性晶体或固体，并且可以这样表达我们的假说：我们认为基因——或者整个染色体纤维——是一种非周期性固体。

压缩在微型代码中的多样内容

人们经常会问，像受精卵的细胞核中这一点点物质，

怎么可能包含着如此详细的代码文本，蕴含着未来生物发育的全部信息。

这似乎是我们唯一能够想到的物质结构：原子有秩序地排列在一起，并且有足够的抵抗力维持其秩序的稳定性，可以产生多种可能的（"同分异构"）排列方式，使其足以在狭小空间范围内承载一个复杂的"决定因素"系统。

事实上，这样的结构中并不需要数量庞大的原子就能产生近乎无限可能的排列方式。以莫尔斯电码为例。这种电码由点和短线两种符号有规律地排列在一起，只用不超过 4 个这样的符号就能产生 30 多种不同的电码。如果你在其中加入点和短线之外的第三种符号，一串密码只要使用不超过 10 个符号，你就能拼出 88572 个不同的"词"；如果使用 5 种符号，密码不超过 25 位，你就能得到 372529029846191405 种不同的电码。你可能会说这种比喻说服力不够，因为我们的莫尔斯符号可以有不同的组合（比如"·—"和"·—·"），因此这不能与同分异构现象相对应。为了修正这种缺陷，我们从第三个例子中选出刚好 25 位的密码，并且每个密码都含有 5 种符号各5个（5个点、5个短线，以此类推）。粗略算一下大概能产生超过62330000000000个组合，确切数字算出来太麻烦，所以我就四舍五入到了百亿位。

当然，一方面，在实际情况中，并非原子的"每一种"排列方式都能构成一个分子，而且由于代码文本自身也要在发育过程中发挥执行作用，所以也不是任意一个密码都能当代码使用。

但另一方面，上述例子中的密码位数（25）其实是比较小的，而且我们这里使用的还只是简单的直线排列方式。我们只是希望证明，如果将基因描绘成分子，那么微型代码完全可以无比精确地编码极其复杂、特殊的发育计划，而且还能囊括这些计划的执行方案。

与事实比较：稳定度；突变的不连续性

现在，我们终于可以开始将理论描述和生物学事实作比较了。

显然，我们要对比的第一个问题就是，理论描述是否能够真正解释我们所观察到的高度稳定性？为了获得这种稳定性所需的阈值——数倍于平均热能 kT——是否合理？它们是否在普通化学所知的范围内？这个问题很容易解决，不需要查阅表格我们就能给出肯定的回答。化学家在特定温度下分离出来的任何物质的分子，在这一温度下都至少能够存在几分钟。这当然是保守的说法，一般来说，物质分子的寿命要长得多。因此，化学家遇到的阈值必然和解释生物学家面对遗传物质的稳定度所需要的数量级是吻合的。之前在"数学表达公式"一节中我们提到过，阈值的变化范围大约是 1:2，阈值相对应的寿命大约是几分之一秒到数万年。

但是为了便于后面讨论引用，我需要在此提出一些数字。

在"分子的稳定性与温度有关"一节中，我们提出过一些 W/kT 的例子，也就是这一比例分别为 30、50 和 60 的情况下，分子的寿命分别是 1/10 秒、16 个月和 30000 年，分别对应室温下 0.9 电子伏、1.5 电子伏和 1.8 电子伏的阈值。

我们必须解释一下"电子伏"这个单位，对物理学家来说，用这个单位非常方便，因为你能对它进行视觉化想象。

举例来说，第三个数字（1.8 电子伏）意味着一个电子经过大约 2 伏特电压的加速，会获得足够的能量撞击分子引起跃迁（为了便于比较，普通手电电池的电压是 3 伏特）。

由于这些原因，通过振动能的随机波动导致分子某些部分发生同分异构体的构型变化，实际上发生的概率足够小，完全可以将其理解为自发突变。

所以我们通过量子力学的原理就能够解释突变当中最惊人的事实了，这也是德弗里斯最初关注的东西。这个事实就是：突变是"跃迁"式的变化，没有任何中间形式出现。

自然选择的基因的稳定性

我们发现，任何种类的电离辐射都会提高自然突变率，有的人可能会将自然突变率归因于土壤、空气中的

放射性和宇宙辐射。但是与 X 射线实验结果进行对比就会发现,"自然辐射"过于微弱,只是造成自然突变率的很小一部分原因。

假设我们必须要用热运动的随机波动来解释自然突变,我们就不会惊讶于大自然成功地选择了这样精妙的阈值,使突变的发生这么罕见。因为从前面的内容当中,我们已经得到了结论,频繁的突变对演化是不利的。通过突变获得了不够稳定的基因构型的个体,很难有机会看到其"极端激进地"快速突变的后代长久生存下去。这个物种就会抛弃这些个体,并通过自然选择获得稳定的基因。

突变有时稳定性较低

但是,对于繁育实验中出现的突变体和我们选择出的用于研究其后代的突变体,我们没有理由指望它们表现出极高的稳定性。因为它们并没有经过大自然的"洗礼",如果把它们放在野生环境下自行繁育,可能就会由

于更容易突变而被"淘汰"。无论如何，我们也不会惊异于一些突变体比正常的"野生"基因型具有更高的突变可能性。

温度对不稳定基因的影响比稳定基因小

所以，我们能够对突变性方程进行检验，方程如下：

$$t = \tau \times e^{W/kT}$$

（提醒一下，t 表示突变发生的期待时间，W 代表发生突变所需的阈能量。）

我们的疑问是，温度会如何影响 t 的变化？根据上面的方程，我们能够推导出温度为 T+10 和温度为 T 两种情况下，t 的比值的近似方程为：

$$\frac{{}^{t}T + 10}{{}^{t}T} = e^{-10W/kT^2}$$

这个公式中指数已经变成负的了，所以，这个比例一定是小于 1 的。温度升高的情况下，期待时间也会相应降低，突变发生的概率也会增加。我们可以对这个假说进行验证，而且我们已经在果蝇这种昆虫可承受的温度范围内进行了验证。而验证结果乍看起来有点出乎意料。野生基因较低的突变率有了显著的提高，但是一些已突变基因的突变率却没有明显提高。如果我们对两个公式进行比较，这个结果就符合我们的预期了。根据第一个公式，对于稳定基因来说，W/kT 的数值更大，这样期待时间才会更长，而根据第二个方程，W/kT 数值更大也就导致比例数值较小，也就是说温度升高导致的突变性提高更明显。（实际情况中，这个比例的数值一般是 1/5 到 1/2 之间，其倒数在 2-5 之间，刚好是普通化学反应中所说的范托夫因子）

X 射线如何导致突变

现在我们来讨论 X 射线的诱导突变率，根据繁育实

验可以推断出两个结论。第一，（从突变率和辐射剂量的比例关系来看）突变是单一事件导致的结果；第二，（从定量结果和突变率是由整体电离密度决定的，而与辐射的波长无关的事实来看），导致突变的单一事件应该是电离或类似的过程，它必须发生在产生特定突变位置附近10个原子距离为边长的立方体空间范围内。根据我们的描述，用于达到阈值的能量明显必须由电离或激发这样的爆炸式过程所提供。我之所以说这些过程像爆炸，是因为一次电离过程所需的能量（这一能量并不是 X 射线本身所需要的，而是次级电子产生所需的）相当惊人，可达 30 电子伏。这一巨大能量能够转变为放电点周围急剧增强的热运动，并通过"热波"——原子剧烈振动形成的波——的形式传播出去。这种热波能够为 10 个原子距离空间的"作用范围"提供达到 1-2 个电子伏的阈能，这没什么不可思议的，虽然公平一点的物理学家可能会认为作用范围会小一点。

在很多情况下，这种爆炸的作用并不会让染色体发生有序的同分异构体转变，而会造成染色体损伤。当损伤的染色体在巧妙的互换作用下，替代了未受损伤的染色体（另一个染色体组当中相应的染色体）中的正常部分时，染色体的损伤就可能致命。所有这些都是可能发生的，而且已经被我们观察到了。

X射线的效率并不取决于自发突变性

有很多特性虽然不能从我们对遗传物质的描述中直接预测出来，不过也很容易被理解。比如，总体来说，不稳定突变体的X射线诱导突变率并没有显著高于稳定突变体。因为，如果一次爆炸能够提供30电子伏的能量，你当然不会认为突变需要的阈值能量高一点低一点——比如1电子伏还是1.3电子伏——会有什么区别。

回复突变

有些情况中跃迁是双向的，比如某种"野生"基因可以变成特定的突变基因，同时还可以从突变基因变回

野生基因。这两种情况的自然突变率有时候几乎一样，有时候则完全不同。乍看起来这让人很困惑，因为这两种情况下要达到的阈值能量是一样的。但是要知道，变化所需要的能量还与初始构型的能量水平有关，而野生型基因和突变型基因在这方面可能并不一样。（见"第二个修正"一节图12，状态1可能代表野生等位基因，2代表突变等位基因，箭头更短代表的稳定性更低。）

整体而言，我认为德尔布吕克的"模型"是能够经得起事实检验的，我们可以在进一步的讨论中合理使用这一模型。

06

第六章

有序、无序和熵

根据模型得到的不同寻常的一般结论

我首先要回顾一下"压缩在微型代码中的多样内容"一节的内容,我解释了为什么从分子的角度描述基因能让我们相信,微型代码完全可以无比精确地编码极其复杂、特殊的发育计划,而且还能囊括这些计划的执行方案。那么,基因是如何做到这一点的呢?我们如何能够从"相信"变成真正理解这一点呢?

德尔布吕克的分子模型具有高度的不变性,似乎不包含关于遗传物质是如何发挥作用的线索。事实上,我也不指望物理学家能在不久的将来对这个问题提供任何详细的信息。这方面的进展只能来自在生理学和遗传学指导下的生物化学的发展。

显而易见,根据上面提到的对遗传物质结构如此笼统的描述,我们无法获得遗传机制运转的详细信息。但奇怪的是,我们能从这个模型中获得一个一般性结论,而且坦白地说,这正是我写这本书的唯一动力。

根据德尔布吕克对遗传物质的总体描述,我们能够得到的结论是,生物虽然并不遵循业已完善的"经典物理学定律"，但很有可能符合我们至今尚未完全弄明白的"其他物理学定律"，这些定律的面纱一旦被揭开，就会成为这个学科中和经典物理学一样完整且必需的理论。

建立在秩序上的有序

这是一条相当微妙的思路，人们对其中不止一个方面产生了误解。本书其余篇幅都是为了澄清这一思路。通过下面的讨论我们可以形成一个较为初步的洞见，虽然粗浅，但未见得一无是处。

第一章我们解释了经典物理学定律其实是统计学意义上的定律。它们表明，事物有走向无序的自然倾向。但是，为了兼顾遗传物质的高度稳定性和微小的体积，我们不得不"发明分子模型"从而避免无序的倾向。事实上，这是一种大得不寻常的分子，它是高度分化的秩序的杰作，是受到量子理论魔法保护的。随机的定律并不会因为这项"发明"而失效，但是其结果是可以修正的。物理学家已经非常熟悉，经典物理学定律需要经过量子理论的修正,尤其是在低温条件下。这方面的例子有很多。生命现象似乎就是其中之一,而且是引人注目的一个例子。生命似乎是物质有序和有规律的行为,它并不是完全建立在从有序走向无序的倾向之上,而是部分依赖于现有的秩序和对秩序的维持。

对物理学家来说,而且仅对物理学家来说,我希望通过如下阐述能让我的观点更加清晰:生命有机体是一个宏观系统,这个系统的部分行为符合纯粹的力学定律(与热力学定律相对),随着温度接近绝对零度,分子的无规律运动逐渐消失时,所有系统都会趋向于这种行为。

非物理学家将普通物理学定律视为精确的、不容践踏的模范,而其竟然以物质会走向无序的统计学倾向为基础,这简直令人难以置信。在第一章当中我已经举了一些例子。这里涉及的一般原则是著名的热力学第二定律(熵增定律),以及同样著名的该定律的统计学基础。在接下来的内容中,我将尽力阐述熵增定律与生物的宏观行为之间的关系,暂时将我们对染色体、遗传等的认识放在一边。

生命物质避免了向平衡的衰退

生命的特征是什么？一块物体符合什么样的条件我们才能说它是有生命的呢？答案就是当它能够持续"做某些事情"、不断运动、与环境进行物质交换等等的时候，而且和没有生命的物质相比，它能够在类似的条件下"持续"更长时间。当没有生命的系统被分离出来，或放在一个均匀的环境当中时，所有的运动都会因为各种各样的摩擦力最终静止下来，化学势和电势的差会被抹平，倾向于形成化合物的物质会形成，热运动会让体系内外温度均匀一致。经过上述过程，整个系统会变成一团没有生命的惰性物体。它会达到稳定状态，在这种状态下不会发生可观察到的任何事件。物理学家将这种状态称为热力学平衡，或者"最大熵"。

实际上，这种状态往往会很快达成。理论上，这种状态往往并不是一个绝对意义上的平衡，也不是真正的最大熵。但是这之后要最终达到平衡的过程非常缓慢，可能要花几个小时、几年、几个世纪……举一个相对较快达成平衡状态的例子。假设我们把一个装满纯净水的玻璃杯和一个装满糖水的玻璃杯一起放进密闭、恒温的箱子里，最初看上去什么都没有发生，让我们产生整个系统已经达到平衡状态的印象。但是一天以后，你就会发现纯净水由于蒸气压较高，会慢慢蒸发，并在糖水上凝结。糖水会溢出来。只有当纯水彻底蒸发，糖才达到了均匀分布于所有液体水中的目的。这个最终缓慢达到平衡的过程是不可能被误认为生命现象的，我们在此可以不用理会。我提到它只是为了避免被指责表达不准确。

以"负熵"为生

正是由于生物会避免迅速衰退到惰性的"平衡"状态，所以才显得神秘莫测，以至于很早以前，人类认为存在一些特殊的非物质或超自然作用力（也就是亚里士多德所说的生命的本原），驱动着生命的运转，有些人如今仍然相信这种说法。

生物是如何避免衰退的呢？最显而易见的答案是：通过吃饭、喝水、呼吸和（适用于植物）同化。生物学中表示这些过程的专业术语是新陈代谢（metabolism），其希腊词源的意思是改变或交换。最初这个词的潜在观点无疑是物质交换（比如，德语中新陈代谢一词为Stoffwechsel，其中 stoff 意为物质，wechsel 的意思是交换）。物质交换是新陈代谢的本质这一观点是荒唐的。生物体内任何一个氮原子、氧原子、硫原子等都和它们同类的其他原子别无二致，交换这些东西有何意义呢？

有一段时间，我们以为自己是靠能量为生的，因而好奇心被扼杀了。在一些发达国家（我不记得是德国或是美国，还是两者都是），你能在餐厅里找到特别的菜单，上面除了写明每道菜的价格外，还写着每道菜的能量。不用说，如果你把这事儿当真了，那可就有点傻了。对于成年生物来说，其能量总量和物质总量都是稳定的。当然，每一个卡路里的能量都没有太大的差异，所以单纯进行能量交换也没有什么意义。

那么食物当中究竟有什么宝贵的东西能够防止我们走向死亡呢？这个问题很容易回答。每个过程、每个事件、每个活动——你可以用你喜欢的任何词来描述，总之自然界发生的一切都意味着发生事件的局部的熵在增加。

因此，生物也在持续增加自己的熵，你也可以说生物在不断地产生正熵，因此也有接近危险的最大熵状态——也就是死亡——的倾向。生物之所以能避免发生这种事情，也就是生物之所以能一直活着，是因为它们能够不断从环境当中获得负熵。接下来我们会发现这一事件具有非常重要的意义。生物真正赖以维生的东西是负熵，或者用不那么自相矛盾的表述，新陈代谢的本质在于，生物能够成功地让自己免受其生命活动产生的熵的影响。

熵是什么？

首先，我必须强调的是，这并不是一个模糊的概念或观点，而是一个可测量的物理量，就像杆的长度、人体任何一个部位的温度、特定晶体的熔点温度，或特定物质的比热容。在绝对零度（大约 -273℃）时，任何物质的熵都为零。当物质缓慢、不可逆转地一小步一小步地进入其他任何状态（即便在此过程中，物质的物理或化学性质会发生变化，或者分解成两个或两个以上具有

不同物理或化学性质的部分），熵都会增加，其数量的计算方法是，用每个过程当中吸收的一小部分热量除以提供这些热量的绝对温度，再将它们加在一起。举个例子，当你熔化一个固体的时候，熵增加的数量等于熔化热除以熔点温度。通过这个例子你会发现，熵的单位是卡路里每开尔文[1]（正如热量的单位是卡路里，或长度的单位是厘米一样）。

熵的统计学意义

我提到这个术语的定义，只是为了去掉经常笼罩在熵这个概念周围的神秘色彩。对我们来说，更重要的是阐述这个统计学概念与有序和无序之间的关系，这个关系是玻耳兹曼和吉布斯在统计物理学研究过程中发现的。这也是一种明确的数量关系，其表达式为：

$$熵 = klnD$$

---

[1] 标准单位应该是焦耳每开尔文。

其中 k 为玻尔兹曼常数（其数值为 3.2983×10^{-24} cal/℃），D 代表物体当中原子无序性的数量测度。要用简洁的非术语准确解释 D 的意义是几乎不可能的。它代表的无序，一部分是由热运动造成的，一部分是因为不同原子或分子随机混合而不是整齐地分开造成的，比如上面提到的糖和水分子的例子。这个例子能很好地解释玻尔兹曼提出的方程。糖逐渐"分散"在所有水中的过程会导致无序性 D 的上升，因而（由于 D 的对数会随着 D 的增加而增加）熵也会增加。同样清楚的是，从外界吸收热量会导致热运动引起的混乱程度的提高，也就是说同样会使 D 增加，从而增加熵。晶体熔化的过程就是这样，在这个过程中摧毁了原子或分子稳定的排列方式，让晶格变成了不断变化的随机分布。

孤立系统或者在均一环境中的系统（我们尽量将它作为我们目前考虑的系统的一部分）的熵会增加，或快或慢地接近最大熵的惰性状态。现在我们认识到，这一物理学基础定律刚好就是万事万物向混乱状态靠近的自然倾向（就像书桌上的图书、成堆的论文和手稿会逐渐变乱的倾向一样），除非我们进行干预（在这个例子中，与无规律的热运动对应的行为就是，我们时不时会用到这些书籍、论文和手稿，却不会把它们放回到原来的位置上）。

通过从环境中获得"秩序"维持组织性

我们如何用统计学理论的语言解释生物这个能延缓自身衰退进入热力学平衡（死亡）的神奇体系呢？我们之前说过："生命以负熵为生。"也就是说它们会从外界源源不断地获取负熵，去抵消其生命行为产生的熵增加，这样才能让它稳定地维持在相对较低的熵水平上。如果 D 用来测量混乱程度，它的倒数 $1/D$ 就能够作为直接衡量有序程度的量。$1/D$ 的对数就是 D 的负对数，我们就可以将玻尔兹曼提出的方程写成：

$$负熵 = k ln\ (1/D)$$

这样一来，我们之前提到的"负熵"这种笨拙的表达就可以用一种更好的方式替代了，即负熵本身衡量的是有序度。因此，生物稳定保持在较高的有序状态（熵较低的状态）的机制就是，持续不断地从环境当中获得秩序。这一结论乍看上去有点自相矛盾，不过仔细想想并非如此。相反，可能因为平凡而被指责。事实上，就高等动物而言，我们对其赖以维生的秩序非常熟悉，它们以复杂程度不一的有机化合物为食物，而食物本身就是非常有序的物质。这些食物经过消化吸收利用后，残渣被排出体外，当然它们并未被彻底分解，植物仍然可以利用这些残渣（当然，植物最强大的"负熵"来源是阳光）。

对第六章的注解

关于负熵的评述引来了物理学家的怀疑和反对。首先我想说，如果我只是为了迎合他们的话，就会让讨论转向自由能这个概念了，这个概念在物理学领域更为人所知。但是这个专业的术语在语言学上跟能量这个概念

太接近，普通读者没办法区分。他很可能认为"自由"只是个修饰词，并不重要，而事实上，这个概念是比较复杂的，想要表述它和玻尔兹曼的有序 - 混乱原理的关系，不比熵表述和"负熵"容易，而且后者也不是我独创的表达方式。玻尔兹曼本来的论述中就已经出现了这样的表述。

但是 F. 西蒙非常中肯地向我指出，我简单论述的热力学原理，不能解释为什么我们必须吃那些"复杂度或高或低的、非常有序的有机化合物"，而不能靠吃木炭或钻石为生。他是对的。但是我必须向读者解释，在物理学家看来，一块没有燃烧的煤或者一颗钻石，连同其燃烧所需要的氧气在内，也是一种非常有序的状态。下面我将证明这一点：如果让煤燃烧起来，就会产生大量热。通过将热量释放到环境中，这个系统就能防止因为反应导致熵显著上升，并且达到了事实上熵值与之前差不多的状态。

但是我们不能以反应产生的二氧化碳为食。所以西蒙指出这一点是完全正确的，正如他所说，食物当中含有的能量其实并不是不重要的，所以我嘲笑菜单上标注食物热量是不恰当的。我们需要补充能量，不仅仅是因为我们的身体做动作需要消耗机械能，还因为我们在不断向环境中释放热能。我们释放热量也不是偶然的，而是必然的。我们正是通过这种方式，将我们生理活动过程中不断产生的多余的熵处理掉。

这似乎能够表明，恒温动物的体温之所以更高，是因为能够更快地排出身体当中产生的熵，因此它们也能进行更强烈的生命活动。我不确定这个论点在多大程度上符合实情（我对这些论点负责，与西蒙无关）。有的人可能会反对这种论点，因为很多恒温动物身体表面有皮毛或羽毛覆盖，能够避免热量快速散失。所以我认为体温和"生命强度"之间存在的对应关系，可以用范托夫定律直接解释：温度越高，生命活动中的各种化学反应的速度就越快（事实确实如此，在体温与环境温度一致的动物身上进行的实验证明了这一点）。

07

第七章

生命是否基于物理定律？

生物当中可能存在新的定律

在最后一章中，我想阐明的是：根据我们对生命物质结构的了解，我们必须准备好接受其运行方式可能并不能被归结于普通的物理学定律。

这不是因为存在某种"新的作用力"指导活体生物中单个原子的行为，而是因为其结构和我们迄今为止在物理实验室实验过的任何物质都不一样。简单来说，只熟悉热力发动机的工程师对电动机查看一番之后，可能会发现他并不理解这个机器的工作原理。他发现电动机里面的铜他在水壶上见过，但是在这里却成了又细又长的丝缠绕成的线圈；他熟悉的控制杆、栏杆和蒸汽缸上的铁却被缠在那些铜线圈里面。他肯定相信铜和铁都还遵循同样的自然定律，这一点没错。结构的差异足以让他看到完全不同的工作方式。他不会因为电动机不需要锅炉和蒸汽，只需要拨动开关就能转起来，就去疑心它是鬼魂驱动的。如果一个人从来没有否定过自己，那可能是因为他没说过什么话。

生物学状况综述

在生物的生命周期中展开的事件表现出美妙的规律性和秩序感，我们遇到过的任何一种没有生命的物质都无法与之媲美。我们发现它是由一群非常有序的原子控制的，它们只是每个细胞中的很少的一部分。而且，根据我们之前总结出的关于突变机制的观点，我们能够得到一个结论，生殖细胞当中这团"主导原子"中，只要几个原子的位置发生变化，就足以让生物的宏观遗传特征产生明显改变。

这些事实显然是现代科学揭示出的最有趣的东西。我们最终可能认为它们并不能被完全接受。生物具有一项惊人的天赋，能够从合适的环境中"汲取秩序"，让自身保持"源源不断的秩序"，并因此防止衰退到原子混乱的状态中。这种天赋和"非周期性固体"——也就是染色体分子——的存在有关，而染色体分子无疑是我们所知道的最有序的原子集合，它的有序程度高于普通的周期性晶体，因为它的每个原子和每个原子团都发挥着各自的作用。简单来说，我们亲眼见到了已有秩序具有维持自身并产生有序事件的能力。这听上去已经很合理了，不过在证明其合理性的时候，我们无疑利用了社会组织和其他与生物活动有关的事件的经验。所以，这种论证看上去有点像循环证明。

物理学状况概述

不论如何，需要反复强调的是，对物理学家来说，这种情况不仅看似合理，而且非常令人兴奋，因为它是史无前例的。与普遍观念正相反，符合物理定律的常规事件进程，绝对不会产生一种有序的原子构型这样的结果，除非这种原子的构型能够自我重复相当多次数，要么是像周期性晶体那样，要么是像液体或者气体那样由无数同样的分子组成。

甚至当化学家研究体外的复杂分子时，他也总是将无数相似的分子作为研究对象。他掌握的定律能够适用在这样的研究对象上。比如，他可能会告诉你，某个特定反应开始后 1 分钟，一半数量的分子就能完成反应，再经过 1 分钟后，3/4 的分子能完成反应。但是假设我们能够追踪特定的分子的话，他无法预测一个特定分子是已经完成了反应还是尚未发生反应。这是完全随机的。

这并不完全是理论推论。也不是说我们不可能观测到单一原子团甚至单一原子的命运。有时候我们可以做到这一点，但每次我们观察到的都是毫无规律的结果，只有大量这样的结果放在一起才能形成整体的规律。我们在第一章的内容中已经举过这样的例子了。悬浮在液体中的某个小颗粒的布朗运动是毫无规律的。但如果存在很多类似的小颗粒，单独看上去毫无规律的运动合在一起就能产生有规律的现象，也就是扩散。

我们可以观察到单个放射性原子的衰变（它能够释放出粒子，让荧光屏产生肉眼可见的亮点）。但是如果你只有一个放射性原子，它的寿命就比一只健康麻雀的寿命不确定得多。事实上，你只能做出这样的判断：只要它还没有衰变（这种情况可能会持续数千年），下一秒它发生衰变的概率将不变。这种无法决断个体情况的事件，却服从于大量相同的放射性原子的指数衰变定律。

鲜明的对比

到了生物学领域，我们面对的则是完全不同的情况。只存在于一个染色体上的单个原子团能够产生有序的事件，并且根据最精妙的定律，原子彼此之间和它们与环境之间的情况进行奇妙的调整。我之所以说只存在于一个染色体上，是因为世界上毕竟存在卵和单细胞生物这种只有一套染色体组的例子。在高等生物随后的发育阶段中，染色体的数量会成倍增长，但是增长到何种程度呢？据我所知，对于成年哺乳动物来说，差不多是 10^{14} 这样的数量级。这是什么概念呢？只有 1 立方英寸空气中分子数量的百万分之一。虽然规模比较大，但是它们凝聚起来也不过就只是一小滴液体而已。但是看看它们是如何分布的。每个细胞只有一个副本（或者两个，如果我们考虑二倍体的情况）。而我们知道在独立细胞中这个指挥中心的强大力量，那每个细胞不正像遍布全身的地方政府机构吗？它们之间能够顺畅地沟通，要归功于它们共有的代码。

这种异想天开的描述，恐怕不大像科学家说出来的话，倒像是诗人的话。但是，不是诗意的想象，而是清晰理智的科学思考让我们认识到，我们面对的事件的发展是如此规律有序，而引导事件发展的"机制"和物理学的"统计学机制"则完全不同。我们观察到的事实是：每个细胞都存在的指导原则是潜藏在一个染色体（或有时两个染色体）上的单个原子团中的，它能够指导产生具有完美秩序的事件。一小团但非常有序的原子能起到这样的作用，不论我们对此感到震惊还是觉得合理，这种情况都是史无前例的。除了有生命的物质之外，其他任何领域都没有出现过这样的情况。研究非生命物质的物理学家和化学家从未见过需要以这种方式解释的现象。

由于之前没有出现过这种情况，所以我们的理论无法解释它，我们的统计学理论如此精美，我们发自肺腑地为之自豪，因为它让我们在幕帘之外看到了根据原子和分子的无序行为总结出的物理定律的伟大秩序，因为它表明，最重要、最普遍和最包罗万象的熵增定律可以在没有假设的前提下被理解，因为它本身就是分子的无序罢了。

产生有序的两种方式

生命过程中的有序有不同的来源。有序事件的产生似乎有两种不同的"机制",一种是通过"统计机制"从无序中产生有序,另一种则是通过有序产生有序。

对没有先入为主的人来说,第二个原理似乎简单得多,也合理得多。这是毫无疑问的。所以,物理学家才会骄傲地赞成第一个原理,也就是"有序来自无序"原理。自然界中很多现象都符合这个原理,而且只有它才能让我们理解自然事件的发展线索,首先就是其不可逆性。不过,我们不能指望由此衍生出来的"物理学定律"能直接解释生命物质的行为,因为其显著特征更大程度上是基于"有序来自有序"的原理。你不能指望两种完全不同的机制产生相同的定律,就像你无法指望用自家的钥匙打开邻居家的门一样。

所以,不必因为不能用一般的物理学定律解释生命而感到气馁。因为通过对生命物质结构的了解,我们只能得到这样的信息了。我们必须准备好去寻找能解释生命的新的物理学定律。或者,我们是不是该称之为非物理学定律，甚至超物理学定律呢？

新原理并不违背物理学

不，我并不这样认为。因为这个新原理就是物理原理，在我看来它不过是量子理论的重新演绎。要解释清楚这个问题，我们需要进行详细阐述，对之前做出的论断进行微调而不是修正，这个论断就是，所有的物理学定律都以统计学为基础。

这个一再做出的论断必将引起矛盾。因为确实存在一些现象，其显著特征就是直接建立在"有序来自有序"的原理上，看上去跟统计学或分子层面的无序毫无关系。

太阳系的秩序、行星的运动都已经维持了近乎无限的时间。此时此刻的星座图和金字塔时代任何一刻的星座图也如出一辙，从现在的星座可以推断出当时的星座，反之亦然。计算出来的历史上的日月食跟历史记录的真实情况几乎完全相符，甚至有些例子还用来纠正公认的年表。这些计算并不是基于统计学，它们纯粹基于牛顿的万有引力定律。

一台走得准的时钟或任何类似的机械规律运动似乎也跟统计学沾不上边。总之，所有纯粹的机械事件似乎都是明确、直接地遵守"有序来自有序"原理。前提是我们在此使用的"机械"这个词是广义的。要知道，有一种非常实用的时钟是靠电站发出的有规则的电脉冲计时的。

我记得马克斯·普朗克写过一篇有趣的论文，题目是"动力学和统计学定律"（Dynamische und Statistische Gesetzmassigkeit）。论文中谈到的两种定律之间的区别正好是我们所说的"有序来自有序"和"有序来自无序"的区别。那篇论文旨在表明，支配宏观事件的统计学定律，是如何由支配微观事件、单个原子和分子之间的相互作用的动力学定律组成的。后者能够被宏观尺度的力学现象证明，比如行星或时钟的运动等。

于是，我们严肃提出的作为理解生命的真正线索，即"有序来自有序"这个新的原理，似乎对物理学家来说并不陌生。普朗克甚至认为这个原理具有更高的优先级。我们似乎得到了一个可笑的结论，理解生命的线索是，它完全基于力学原理，也就是普朗克论文中所说的"时钟装置"。在我看来，这个结论并不可笑，也并不完全错误，但我们要"持高度怀疑态度"。

时钟的运动

让我们来精确地分析一下实际时钟的运动。它不完全是一种纯粹的机械现象。一台纯机械时钟不需要弹簧也不需要发条。一旦开始运动，就会一直进行下去。一台真正的时钟如果没有发条的话，摆动几下就会停下来，因为它的机械能会转化为热能。这是极其复杂的原子过程。物理学家对这种运动的一般认识迫使其承认，相反的过程并非完全不可能。一台没有发条的时钟可能会突然开始工作，不过要消耗自己齿轮和所处环境的热能。物理学家肯定会说：时钟经历了一次非常剧烈的布朗运动。我们在前面提到，极为灵敏的扭力天平（静电计或电流计）经常会发生这种事情。当然对于一台时钟而言，发生这种事情的可能性近乎为零。

时钟的运动算是动力学定律事件还是统计学定律事件（用普朗克的方式表述），完全取决于我们的看法。如果我们把它看成动力学现象，我们就将关注点放在了规律运动上，一根比较松的发条就能够产生这种规律运动，且这种运动能够克服微弱的热运动的干扰，所以我们可以将其忽略不计。但是，如果我们还记得，没有发条，时钟的运动就因为摩擦力的作用而逐渐减慢，我们就会发现这一过程只能作为一种统计学现象理解。

　　不论实际上时钟中的摩擦和热效应多么微不足道，未忽略其存在的第二种看法是更基本的，即便我们面对的是一台由发条驱动的有规律运动的时钟。因为我们必须相信，驱动的机制实际上离不开这个过程中的统计学性质。真正的物理学描述应该包括这样的可能性：一台规律运行的时钟会消耗环境中的热能突然反过来运动，逆时针将它的发条重新上紧。这种事件发生的可能性与布朗运动导致没有驱动装置的时钟突然运转相比，也相差无几。

时钟装置毕竟也符合统计学定律

我们现在再回顾一下。我们分析过的"简单"案例其实能代表很多其他例子。事实上，所有这些例子似乎都回避了包罗万象的分子统计学原理。由真正的物理学材料（而不是想象出来的）制作成的钟表并不是真正的"钟表装置"。随机的成分可能或多或少被削弱了，钟表突然出问题的可能性也许是无穷小的，但永远都潜藏着。甚至在天体运动中，不可逆的摩擦力和热扭转影响也是存在的。因此，地球的自转因潮汐摩擦力的影响逐渐减慢，当然月球也因此逐渐远离地球，如果地球是一个完全刚性的旋转球体，就不会发生这样的事情了。

但是"物理时钟装置"显然表现出"有序来自有序"的特征依然成立，物理学家在生物现象中遇到这种特征的时候非常兴奋。这两种情况似乎最终还是有一些共性。而这种共性究竟是什么，导致生物如此新奇以及如此前所未见的差异又是什么，我们可以拭目以待。

能斯特定律

一个物理系统——任何一种原子的集合体——在什么情况下会表现出符合"动力学定律"的（普朗克所说的）"时钟装置特征"呢？对于这个问题，量子理论给出了简短的答案：在绝对零度的时候。在绝对零度的条件下，分子的混乱就不会再影响物理事件。顺便说一句，这个事实并不是理论发现，而是对广泛温度条件下的化学反应进行细致研究，并将结果外推到无法达到的绝对零度条件下得出的。这是瓦尔特·能斯特提出的著名的"热定律"，它也被誉为"热力学第三定律"（第一定律是能量守恒定律，第二定律是熵增定律）。

量子理论为能斯特的经验定律提供了理性基础，也让我们能够估计出，一个系统需要多接近绝对零度才会表现出近似于"动力学"的行为。

对具体情形而言，什么温度可以说是实际上等于绝对零度呢？不要认为这一定是一个极低的温度。事实上，能斯特之所以能发现这个定律，是因为即使在室温条件下，熵在很多化学反应中都发挥着微不足道的作用（在此我需要提醒，熵是直接度量分子无序程度的物理量，也就是其对数）。

钟摆实际上可以看成是在绝对零度条件下运行

那么钟摆的情况又是怎样的呢？对于时钟而言，室温几乎等同于绝对零度。所以它才会遵循"动力学"定律。如果将其冷却，它就能一直这样运行下去（假设你已经擦掉了所有油渍）。但如果将它加热到室温以上，它就不会继续工作了，因为它会熔化掉。

钟表装置与生物之间的关系

这看起来无关紧要，但我认为它触及了要点。钟表能够以"动力学"的方式工作,是因为它们是固体做成的,而固体是靠海特勒 - 伦敦作用力保持一定形状的，其强度足以避免普通温度下热运动的无序倾向。

我认为现在已经不用再说多余的话来揭示钟表装置与生物之间的相似性了。这种相似性就在于，生物也是由固体构成的，非周期性晶体组成的遗传物质很大程度上能够避免热运动的无序。但是，请不要怪罪我说染色体纤维不过是"生物机器中的齿轮"，至少这种说法并没有脱离深刻的物理学理论。

事实上，不需要多少修辞就能说明二者之间的本质区别，并能将生物学中新奇的、前所未见的现象合理化。

染色体纤维最显著的特征是：第一，这些齿轮在多细胞生物中的分布非常奇特，我之前用非常诗意的方式描绘了这一特征；第二，任何一个齿轮都不是什么粗制滥造的人工制品，而是按照上帝的量子力学路线精心打造出来的杰作。

后记 关于决定论与自由意志

在心平气和地对我们面临的问题进行纯科学角度的阐述后，请允许我对这个问题的哲学启发补充一些个人见解，当然，这种见解是非常主观的。

根据前面所述的证据，一个生物体内发生的时空事件，无论是产生于其思想活动，还是它的自我意识，抑或是其他任何方式（同时考虑到它们复杂的结构和广为接受的物理化学的统计学解释），如果不能算作严格的决定论，无论如何也应该算作统计决定论的。

我想向物理学家强调，我的观点和某些人的观点完全相反，在我看来量子不确定性在生物问题上产生的影响并不大，只是可能会增强减数分裂、自然和 X 射线诱导突变等事件中的纯粹偶然性，不论如何这都是显而易见、被广泛接受的。

为了论述方便，我会将此作为事实，因为我相信如果和"宣称自己是纯粹机械主义者"没有什么共同不快情绪的话，每一个公正的生物学家都会这样做。因为这和自由意志相抵触，而自由意志恰恰是我们进行内省的基础。

但是他们的自我经验虽然多种多样、迥然不同，但在逻辑上并不相互矛盾。所以，我们能够从下面两个前提条件中推导出正确的、不矛盾的结论：

（1）我的身体是依照自然定律运行的纯机械装置。

（2）但我知道，根据无可争议的直接经验，我主导了自己身体的运动，我能够预见运动的结果，这些结果十分重要而且对生命具有决定性，我认为自己应该对这些结果负全部责任。

我认为，通过这两个事实能够推导出的唯一结论是，我——这个我是广义的，也就是说，每一个有好奇心的、曾说过或产生过自我感觉的人——是一个根据自然定律控制"原子运动"的人。

在一些概念（在其他群体中曾经或仍然拥有更广泛的含义）被限制和专门化的文化圈中，用这种本该简洁的措辞去表达这个结论是非常大胆的。比如，用基督教术语说"因此我是万能的上帝"，这听上去亵渎神明且狂妄自大。但是请暂时不要漠视这一结论的内涵，考虑一下，上述推论是否能让生物学家同时证明上帝和不朽的存在。

就推论本身而言，并不是什么新鲜事儿。据我所知，这方面的记录可以追溯到 2500 年前，甚至更久远。在古老且伟大的《奥义书》中，印度人就已经认识到了自我（ATHMAN）等于梵（BRAHMAN）（个人自我相当于无所不在、无所不包的永恒自我），这个观点没有被视为亵渎神明，而且代表了对世间万物最深刻洞见的极致状态。所有吠檀多学派的学者在学会这句话后，都会努力将这种思想融入自己的意识当中。

而且，从古至今的神秘主义者，都曾描述过自己一生中的独特经历，这些经历都非常相似（有点像理想气体中的粒子）。他们的描述可以概括成一句话：我已成为神（DEUS FACTUS SUM）。

对于西方意识形态来说，这种观点是较为陌生的，尽管叔本华等人支持这种观点，尽管真正热爱这种观点的人凝望彼此的双眼时，会意识到他们的思想和他们的欢乐已然统一——不仅仅是相似或一致。但是他们一般情感过于丰富，而不能清晰地思考，就这一点来说，他们很像神秘主义者。

请允许我再做一些深入的评论。

意识永远都是以单数被经验，而非复数。即便在精神分裂或双重人格的病态条件下，两个人格也不会同时出现。在梦境当中，的确会出现一人分饰多角的情况，但这并非不加选择的扮演。我们是角色中的一员，以其身份直接行动和表达，同时又常常期待另一个人回答或做出反应，但我们意识不到，事实上控制另一个人的言行的就是我们自己。那么复数这个概念（《奥义书》的作者强烈反对这个概念）究竟是如何产生的呢？

意识和我们身体的一个有限物质区域的物理状态紧密相关，而且依赖于它（比如人在发育过程中的思想变化，以及发烧、麻醉、脑损伤等情况对心智的影响）。相似的身体有很多，因此意识和心智的复数化也就成了一种不言而喻的假说。恐怕所有天真单纯的人，以及绝大多数西方哲学家都接受过这种假说。

它几乎直接导致人们发明了灵魂的概念，有多少肉体就有多少灵魂，同时也导致人们开始争论，灵魂和肉体一样终有一死，还是能够长生不死、脱离肉体单独存在。前者会令人不快，而后者则直接忘记、无视或否认了复多性假说的基础事实。人们还提出过更愚蠢的问题：动物有灵魂吗？人们还怀疑女人是否有灵魂，或者说认为只有男人才有灵魂。

即便这些问题的答案只是推测性的，也会让我们怀疑复多性假说本身，而这个假说是官方的西方宗教所遵循的教义。如果抛弃显而易见的迷信成分且坚持灵魂复多性的朴素观点，但又宣称灵魂可死、会随着肉体的毁灭而消亡，以此"修正"这种假说，不就显得我们更加荒唐了吗？

唯一可能的选择就是，相信直接经验，接受意识是单数的，而复数的意识是未知的。相信意识只是一个东西，即便看上去意识有很多个，但也只是因为幻觉（MAJA）而产生的一个东西的不同侧面而已。在有很多镜子的走廊中会产生同样的幻象，就像高里三喀峰跟珠穆朗玛峰只不过是不同山谷里看到的同一个山峰而已。

当然，我们的头脑中有很多精心构思的怪力乱神的故事，阻止我们接受这样一个简单的事实。比如，据说我的窗外有一棵树，但我其实看不见这棵树。利用一些巧妙的方式，真正的树便在我的物理意识中产生了形象，那就是我看到的树。当然我只贡献了最初相对简单的几步，它就自己形成了。如果你站在我身边，看着同样一棵树，这棵树也会在你的意识中建立一个形象。我看到的是我的树，你看到的是你的树（跟我的非常相似），而树本身究竟是什么样的我们并不知道。对于这种极端的观点，康德是要负责任的。按照将意识视为单数的观点，可以换成更容易理解的说法：只有一棵树的存在，其他所有形象都只是怪力乱神的念头。

但是我们每个人都有不容置疑的印象，个人经验和记忆的总体会形成一个单元，与其他人的完全不同。他会将这个单元称为"我"，那么这个"我"究竟是什么？

在我看来，仔细分析一下你就会发现，它只不过是一系列单一数据（经历和回忆）的集合，就像一张画布能画下的东西。通过认真的自省，你会发现，所谓的"我"就是只收集数据的容器。你可能会去一个新的国家，和所有朋友失去联系并将他们遗忘，你会结交新的朋友，你跟他们分享生活，正如与老朋友分享那样。当你在过新生活的时候，你仍然会想起以前的日子，不过这会变得越来越不重要。"青春年少的我"，你会像这样用第三人称聊起自己，事实上可能你正在阅读的小说中的主人公离你的心更近，对你来说那个人物的形象比"青春年少的我"更加鲜活。不过这中间没有中断，也没有死亡。即便一个技艺高超的催眠大师成功地让你忘掉了所有早年的记忆，你也并不会觉得他杀死了你。在任何情况下，都不会有个人存在的失去需要你去哀悼。

　　将来也永远不会有。

[全书完]

　　这里采用的观点和阿尔达斯·赫胥黎（Aldous Huxley）《永恒的哲学》（*The Eternal Philosophy*）一书中的观点相同。这本美妙的著作（查托和温德斯出版社，伦敦，1946）非常适合阐明这些观点，以及为什么这些观点如此难以理解和容易遭到反对。

生命是什么

作者 _ [奥]埃尔温·薛定谔　译者 _ 肖梦

产品经理 _ 曹曼　装帧设计 _ Domino

责任印制 _ 刘淼　出品人 _ 于桐

果麦
www.guomai.cn

以 微 小 的 力 量 推 动 文 明

图书在版编目（CIP）数据

生命是什么 / （奥）埃尔温·薛定谔著；肖梦译
. -- 天津：天津人民出版社，2020.4（2024.8重印）
ISBN 978-7-201-15421-3

Ⅰ. ①生… Ⅱ. ①埃… ②肖… Ⅲ. ①生命科学－普
及读物 Ⅳ. ①Q1-0

中国版本图书馆CIP数据核字(2019)第218548号

生命是什么
SHENGMING SHI SHENME

出　　版	天津人民出版社
出 版 人	刘锦泉
地　　址	天津市和平区西康路35号康岳大厦
邮政编码	300051
邮购电话	022-23332469
电子信箱	reader@tjrmcbs.com

产品经理	曹　曼
责任编辑	张　璐
封面设计	Domino

制版印刷	北京盛通印刷股份有限公司
经　　销	新华书店
发　　行	果麦文化传媒股份有限公司
开　　本	787毫米×1092毫米　1/32
印　　张	4.5
印　　数	90,801-95,800
字　　数	65千字
版次印次	2020年4月第1版　2024年8月第18次印刷
定　　价	25.00元